FRITZ KRÖGER

Mega-Intelligenz

natürliches Gegengewicht zur KI

Eine neue Aufklärung

EDITION ESTRANY

Mega-Intelligenz – natürliches Gegengewicht zur KI
Eine neue Aufklärung
Originalausgabe, 2025

Autor: Dr. Fritz Kröger
Herausgeber: Edition Estrany
Lückhoffstraße 19, 14129 Berlin
www.edition-estrany.com

Lektorat, Produktion: Caroline Helbing
Cover, Grafikdesign, Layout: Carmen Fuchs
Druck: Amazon Media EU S.à r.l., 5 Rue Plaetis, L-2338, Luxembourg
Softcover ISBN: 978-3-9822691-3-9
Hardcover ISBN: 978-3-9822691-4-6
eBook ISBN: 978-3-9822691-5-3

Für Almuth, Carolin und Isabel

Pressestimmen zu „Intelligenz jenseits der Logik"

Wir können viel mehr, als nur logisch denken

„ [...] Bis heute gilt logisches Denken als nahezu ausschließlicher Maßstab für die Bewertung etwa von Erfolg oder Zukunftschancen. Fritz Kröger, ausgerechnet ein Ökonom (!), hat es sich in „Intelligenz jenseits der Logik" zur Aufgabe gesetzt, zu durchdenken, was dies bedeutet. Was er zutage fördert, ist fesselnd zu lesen und außergewöhnlich: [...]"

Dierk Wolters, „Frankfurter Neue Presse"

Großer Gewinn und Genuss

"Die Lektüre war ein großer Gewinn und auch ein Genuss. Gratuliere!

Das Thema ist wichtig, interessant und passt in den Zeitgeist."

Prof. Dr. Heik Afheldt, u.a. ehemaliger Herausgeber Handelsblatt und Wirtschaftswoche

Wir brauchen eine neue Aufklärung

„ [...] Wir brauchen die Logik nach wie vor. Nur haben wir ihr einen Stellenwert eingeräumt, der ihr nicht zukommt. Wir haben eine Logikdominanz zugelassen, die uns im Restbereich der Intelligenz verzwergt hat. Wir haben sie so weit nach vorne geschoben, dass wir eine neue Aufklärung brauchen, um sie zu relativieren. [...]"

Fritz Kröger im Interview mit Tim Porzer „STUZ"

Leserstimmen zu „Intelligenz jenseits der Logik“

„Es ist deutlich mutiger als die bestehenden Ansätze, um den klassischen IQ-Begriff zu erweitern.“

„Hier schreibt ein Mann, der eine unglaubliche Breite an thematischen Einsichten parat hat. […] Keine Ausreden mehr, das sind wir dem Leben und unseren Möglichkeiten schuldig.“

„Wir nutzen nur 20 % unserer Gehirnkapazitäten – ist das vielleicht die Ursache für viele der Unzulänglichkeiten der Welt? Der Autor, ein ehemaliger Berater, stellt sich einen besseren Ansatz vor.“

„Dieses Buch hat mir die Tür zu einer Welt geöffnet, die mir vorher vollkommen fremd war.“

„Ich und mein Weltbild waren lange in der engen traditionellen Logik gefangen. Im ersten Teil eines Buches kritisiert Fritz Kröger dieses Konzept messerscharf. Seine revolutionären Gedanken im zweiten Teil eröffnen ein weites Feld über die engen Grenzen der Logik hinaus. Sie stellen bisheriges Denken in Frage und geben zudem praktische Anregungen.“

„Ich wünschte, insbesondere die wissenschaftsverliebte Bevölkerung nimmt sich Zeit für dieses Buch.“

„Fritz Kröger nimmt uns mit auf eine wunderbar strukturierte & durchdachte Reise, die jedem Leser ermöglicht, das vorhandene Wissen mit neuesten wissenschaftlich fundierten Erkenntnissen zu ergänzen.“

„Chapeau! Absolut lesenswert!“

„Ein herausragendes Buch, das in kurzer Sprache sehr stark Wissen vermittelt.“

INHALT

VORWORT

In den drei Jahrzehnten der Erfahrungen als internationaler Top-Management-Consultant – einer Welt radikaler Logikdominanz – gab es immer wieder subtile Andeutungen, aber auch drastische Manifestationen ganz anderer Muster der Intelligenz.

Wenn beispielsweise ein bestimmter Top-Manager einen Saal betrat, änderte sich schlagartig der Geräuschpegel, das emotionale und soziale Klima in Erwartung seiner Ausführungen. Wenn er die ersten Sätze formulierte, konnte man im Raum eine Stecknadel fallen hören.

Bei anderen passierte demgegenüber das genaue Gegenteil, dieser mochte noch so „intelligent" sein, er musste sich mühselig Aufmerksamkeit verschaffen und die logische Brillanz seiner Formulierungen „kam einfach nicht rüber".

Fusionen von Unternehmen, mochten sie strategisch noch so sinnvoll sein, scheiterten bei der anschließenden Integration oft an der mangelnden Berücksichtigung der unterschiedlichen Kulturen der beiden Unternehmen und der emotionalen Bedürfnisse der jeweiligen Mitarbeiter. Die Probleme der deutschen Wiedervereinigung sind übrigens ein plastisches Beispiel hierfür.

Nur untergeordnete Entscheidungen sind vollständig rational – je wichtiger sie werden, umso unvollständiger sind die erforderlichen Informationen, umso höher ist der Anteil von Ungewissheiten und Wahrscheinlichkeiten, die „beherrscht" werden müssen. Große strategische Entscheidungen sind in der Regel „Bauchentscheidungen" mit einem hohen Anteil an Irrationalität.

Kreativität ist die entscheidende Triebfeder einer dynamischen Weltwirtschaft. Sie lebt von immer neuen Erfindungen und Ideen. Aber: Große Durchbrüche sind in der Regel kaum rational. Auch gezielte Aufbrüche logischer

Strukturen wie bei de Bono waren nur wenig erfolgreich. Es braucht einen grundsätzlich anderen Ansatz.

Diese Beobachtungen waren für mich Anlass, diese Phänomene näher zu ergründen und „in aller Breite zu Ende zu denken".

Die Ergebnisse dieses Prozesses haben mich in der Dimension überrascht und in den Konsequenzen schier überwältigt. So weitreichend und auch fatal waren die Folgen dieser unserer vorherrschenden „Intelligenzverkürzung" für unser Bewusstsein und unsere sozio-kulturellen Strukturen. In Intelligenz jenseits der Logik habe ich dies näher ausgeführt.

Daneben öffneten sich schier unbegrenzte Potenziale der Intelligenz außerhalb der bekannten Logikdimensionen, die Mega-Intelligenz. Das Auftreten der künstlichen Intelligenz gab dieser Brisanz noch deutlich mehr Gewicht.

Teil I

„NORMALE" INTELLIGENZ

„Intelligenz ist die Fähigkeit logisch zu denken", dies ist die Standardantwort, wenn es in alltäglichen Gesprächen auf das Thema Intelligenz kommt. Diese Aussage wird so spontan und selbstverständlich geäußert, dass ein Zweifel, geschweige denn ein kurzes Überlegen, abwegig erscheint. Die zentrale Stellung und Bedeutung der Logik wird von frühester Kindheit, über Kindergarten und Vorschule, Grundschule, Gymnasium, Studium und Berufsausbildung, Karriere, Universität und Wissenschaft von einer auf Logikkompetenz basierten Führungsstruktur uns in allerbester Absicht „anerzogen". Und der ständig steigende Lebensstandard, unsere wachsende Lebenserwartung und der stetig anhaltende „Fortschritt" scheint ihnen recht zu geben. Zudem vermittelt das logikbasierte, wissenschaftlich fundierte und in sich konsistente Weltverständnis eine gewisse – auch emotionale – Geborgenheit; und dies bei allen physikalischen, biologischen und psychologischen „Nebenkosten". Ursprung dieser umfassenden geistigen und intellektuellen Errungenschaft war die legendäre Aufklärung des 17. Jahrhunderts mit der religiösen Reformation in Deutschland und der Renaissance in Italien und den Niederlanden. Ist ihre Strahlkraft auch nach über 300 Jahren unverändert?

Die aktuell anhaltende Logikdominanz wird nun noch weiter verstärkt durch die ebenfalls auf der Logik begründeten Künstlichen Intelligenz, die mit atemberaubender Geschwindigkeit immer neue logikbasierte Leistungen und Erkenntnisse produziert bis hin zur breit vertretenen Befürchtung, die KI könne in absehbarer Zeit durch Logiküberlegenheit die „Weltherrschaft" übernehmen.

Vor diesem Szenario erscheint es sinnvoll und angezeigt diese zentrale Determinante menschlicher Kultur – die Intelligenz – in all ihren Facetten tiefer zu durchleuchten und sie in Bezug auf ihre Dimensionen und Auswirkungen zu analysieren.

Lassen Sie uns ganz einfach und im alltäglichen Umfeld beginnen:

Intelligente Momente

1. Telepathie am Telefon

Wer kennt es nicht? Sie planen für einen kurzen Moment Ihren besten Freund anzurufen, suchen die Nummer heraus – und genau in diesem Augenblick ruft dieser Sie an. Oder anders: Das Telefon klingelt – und Sie wissen intuitiv, wer es ist. Zu Menschen, bei denen dies auftritt, unterhalten wir meist intensive emotionale Beziehungen: Eltern, Geschwister, enge Freunde, gute Geschäftspartner.

2. Liebe auf den ersten Blick

Sie gehen auf eine Party, werden den einzelnen Gästen vorgestellt und – plötzlich trifft Sie es wie ein Blitzschlag! Sie sind schockverliebt, sie finden Ihr Gegenüber derart attraktiv und sympathisch, dass Sie sich den ganzen Abend nicht mehr von ihm oder ihr trennen mögen; und diesem Gegenüber ergeht es genauso. „Liebe auf den ersten Blick" ist die landläufige Bezeichnung für diesen Urknall der Gefühle. Am Wahrnehmungsakt ist hierbei das Gehirn kaum beteiligt, der ganze Körper ist in die Sympathiereaktion involviert und „überrollt" quasi das kritische Gehirn. Man errötet und der gesamte Körper zeigt Reaktionen. Beziehungen, die auf derartigen Blitzschlägen der Sympathie gegründet sind, bleiben dabei erstaunlich glücklich und stabil. Intuition beschreibt diese Eruption der Intelligenz nur unzureichend – und mit Vernunft, Rationalität, dem kritischen Abwägen der Vor- und Nachteile einer potenziellen Beziehung hat dies überhaupt nichts zu tun.

3. Hund erwartet Frauchen

Sie sind gemütlich bei sich zuhause und erwarten die Rückkehr Ihrer Frau von ihren Besorgungen. Sie haben nur ungefähre Vorstellungen von dem Zeitpunkt ihrer Rückkehr. Plötzlich erhebt sich Ihr Hund spontan aus dem Körbchen, streckt sich und legt sich vor die Eingangstür. Circa drei Minuten später erscheint Ihre Frau und wird entsprechend freudig vom Hund mit wedelndem Schwanz begrüßt. Der Hund hat eine besonders enge Beziehung zu Ihrer Frau, er konnte sie aber weder kommen sehen, hören noch riechen.

4. Elefanten erahnen Tsunami

Am 26. Dezember 2004 zerstörte ein gewaltiger Tsunami nahezu die gesamten Küstenregionen Südostasiens und tötete 230.000 Menschen. Diese Katastrophe kam vollkommen unvorhergesehen. Später wurde bekannt, dass die Elefanten der Insel Sumatra mehrere Stunden von dem Unheil wie auf ein Alarmsignal hin ihre Behausungen an der Küste verlassen hatten und sich in die Berge in Sicherheit gebracht hatten. Die Menschen traf das Unglück völlig überraschend.

In der Nachbereitung der Katastrophe wurde bekannt, dass es in Indonesien ein Kinderlied gab mit dem folgenden Text: „Wenn die Tiere verrücktspielen, lauf weg vom Meer und geh ins Hochland." Die Überlegenheit der Tiere mit ihrem „siebten Sinn" war also traditionell bekannt.

Nach diesen alltäglichen oder bestens bekannten Beispielen – recherchiert man tiefer oder ist besonders sensibel diesen Erscheinungen gegenüber – trifft man auf erstaunliche Phänomene.

5. Medium spricht mit Raubtier

In dem Privatzoo eines Südafrikaners lebte ein äußerst aggressiver Panther, dem der Eigentümer eine letzte Chance geben wollte, bevor er ihn verkaufen würde: Der Zooinhaber kontaktierte die Tierkommunikatorin Anna Breytenbach, die mit dem Tier „sprechen" sollte.

Die Therapeutin erschien, begab sich zum Käfig von Diabolo, setze sich entspannt vor ihn hin und sah ihn mit betont ruhigem Blick an. Diabolo hörte auf zu fauchen und blickte ebenfalls ruhig zurück. Nach etwa einer Viertelstunde „Blickkommunikation" berichtete sie: Das Tier fühle sich in seinem Selbstgefühl als überlegenes, starkes Raubtier nicht entsprechend gewürdigt und anerkannt. Zudem habe er früher zwei kleine Jungpanther als Spielkameraden gehabt, die er sehr geliebt habe, diese habe man ihm entzogen, wogegen er sich gewehrt habe. Des Weiteren möge er seinen Namen „Diabolo" nicht.

Der Zoobesitzer gab ihm einen kleinen Panther als Gesellschaft und den Namen „Spirit". Innerhalb weniger Wochen zeigte sich der ehemals wilde Diabolo vollkommen ruhig und geradezu zahm, wurde aus dem Käfig erlöst und konnte sich seiner Natur entsprechend im Kreise der anderen Tiere bewegen.

6. Pendel entlarven Lebensmittelvergiftungen

Unsere vertrauten Haustiere, Hunde und Katzen, verfügen offenbar über ausgeprägte Sensoren, ob bestimmte Lebensmittel für sie bekömmlich sind oder nicht. Sie wenden abrupt den Kopf und weigern sich zu fressen. Menschen haben diese Fähigkeiten weniger – oder haben sie verloren. Angesichts von rund 50 % belasteter" Lebensmittel im Supermarkt und noch circa 20 % der Lebensmittel im Biomarkt sind dies maßgebliche „Defizite".

Helfen kann ein Pendel, ein kleiner Stein an einer kurzen Kette über das Lebensmittel gehalten, das unsere natürliche Körperintelligenz sichtbar macht und uns signalisiert, ob die verführerisch leuchtende Erdbeere vergiftet ist und uns schadet – Pendelausschlag links herum – oder uns guttut – Pendelausschlag rechts herum. Das Pendel gibt erstaunlicherweise darüber hinaus noch in anderen Bereichen Auskunft.

7. Prinzessin liest Gedanken

Auf einer Dinnerparty begegnete ich einer indischen Prinzessin, die meinem Schwiegervater geschäftlich verbunden war. Ich stellte zu meiner Überraschung fest, dass wenn ich ihr eine Frage stellen wollte, sie mir diese beantwortete, obwohl ich sie noch kaum formuliert hatte. Sie beantwortete mir meine Frage, bevor ich sie ihr gestellt hatte: Sie konnte offenbar meine Gedanken lesen. Als ich ihr am nächsten Morgen zum Frühstück wieder begegnete: Das gleiche Phänomen, sie las meine Gedanken.

Ich hatte zur damaligen Zeit nicht die Möglichkeit und Gelegenheit, diesem Erlebnis tiefer nachzugehen. Ich erfuhr später, dass die Provinz Kerala, aus der sie stammte, bekannt war für eine hohe spirituelle Kultur.

8. José Silva findet Parkplatz

1977 – in einer Periode flächendeckender Logikdominanz – veröffentlichte der mexikanische „Freidenker" José Silva ohne jegliche Ausbildung in freier Recherche, was ihm im Leben weiterhelfen könnte, ein Konzept, das bewusst außerhalb jeglicher Limitierungen und Begrenzungen unter Einbeziehung aller weltweit verfügbaren Denkanstöße entstand: das „Silva Mind Control System". Teil dieses Konzeptes war der „Bestellservice beim Universum", mit dem normalerweise unübliche und ungewöhnliche Anliegen erfüllt werden konnten. Zum Beispiel die Suche eines Parkplatzes: Sie fahren mit Ihrem Wagen in eine belebte Stadt, völlig mit parkenden Autos zugestellte Straßen. Es besteht keinerlei Aussicht, einen Parkplatz zu finden. Sie begeben sich in den normalerweise durch Meditation herbeizuführenden entspannten Alphazustand, formulieren den Wunsch nach einem Parkplatz und fahren in die Stadt. Sie kommen am Ziel an und vor Ihnen verlässt ein Auto gerade einen optimalen Platz am Straßenrand! Oder Sie haben Ihren Wagenschlüssel verlegt und finden ihn partout nicht wieder, Sie haben bereits alle möglichen Plätze in Ihrem Haus abgesucht. Sie treten in den meditativen Alphazustand ein und imaginieren, wann sie den Schlüssel wie zuletzt benutzt haben. Anschließend gehen Sie Ihrer normalen Tätigkeit nach, und ein paar Minuten später fällt Ihnen präzise ein, wo der Schlüssel liegt.

Das Silva Mind Control System war wohl der erste weltweit ausgerollte, über die enge Logikfixierung weit hinausgehende spirituelle Konzeptentwurf, dem ein durchaus respektabler, aber doch überschaubarer Erfolg beschieden war.

9. Wesentliche Entscheidungen kommen aus dem Bauch

Die wesentlichen Entscheidungen in der Wirtschaft und der Politik, insbesondere die wichtigsten, strategischen Entscheidungen, sind in der Regel „Bauchentscheidungen". Dies ist allen Beteiligten zwar bekannt, aber im Lichte der vorherrschenden Logikdominanz nicht allgemein bewusst und präsent. Die sogenannte Entscheidungstheorie, eine Abfolge von klar definierten Regeln zur Fällung 100 % rationaler Entscheidungen, formuliert glasklare Anforderungen: eindeutige Definition der Fragestellung, hundertprozentige Einbeziehung der möglichen Entscheidungsalternativen, sämtlicher möglichen Zukünfte und deren Eintrittswahrscheinlichkeit, Vollständigkeit und Gewichtung der Entscheidungskriterien und vollständige Vorhersagbarkeit der Entscheidungskonsequenzen. Es ist offenkundig, dass diese Anforderungen kaum vollständig gegeben sein können und daher nahezu 98 % aller Top-Managemententscheidungen unter Unsicherheit und aus dem Bauch heraus gefällt werden müssen, eben „Bauchentscheidungen" sind. Den Namen hat diese Prozedur daher, dass die Entscheider spontan zur Orientierung und Entscheidungsunterstützung bei allen intelligenten Organen und Körperteilen „Beistand" suchen, und sie dabei bei dem größten, dem Bauch, findet. Beim Bauch und nicht beim Gehirn. Interessanterweise leisten, wie wir sehen werden, energetisch die Chakren drei und vier im Bauchraum auch den größten Beitrag.

10. Fake-Operationen heilen wie echte

Placeboeffekte bei Medikamenten sind weitläufig bekannt: Wenn eine männliche oder weibliche Respektsperson im weißen Kittel mit einem Stethoskop um den Hals mit getragener, bedeutungsvoller Stimme ein Medikament verordnet, dann hilft es in der Regel (zu etwa 80 %), auch wenn es sich um Zuckerwürfel handelt – und zwar genauso wie das Originalmedikament. Neu ist, dass dieser Effekt offenbar ebenfalls bei chirurgischen Eingriffen gilt, wie aus den USA berichtet wird.

Patienten mit akuter Kniearthritis und am Stock gehend werden in einem doppelblinden Experiment in zwei Gruppen eingeteilt: eine mit einer echten Knieoperation und eine andere mit einer Fake- oder Placebo-Operation. Das überraschende Ergebnis: Alle Patienten berichten von deutlich weniger

Schmerzen und diejenigen, die eine Fake-Operation ohne echten Eingriff erhalten haben, sind in der Lage zu gehen und Basketball zu spielen.

11. Meditationen helfen Krankheiten zu heilen

Im Laufe meiner Recherchen zur Spiritualität stieß ich auf Dr. Joe Dispenza und seine Seminare zum Thema „Becoming supernatural". In den Advanced Seminars waren es im Jahr 2018 etwa 1.200 Teilnehmer. Das Seminar dauerte sechs Tage, in den letzten Tagen des Seminars erfolgte die „Heilungsphase", in der rund 250 Heilungsbedürftige von den anderen circa 950 „Heilern" geheilt wurden. Jeweils acht Heiler gruppieren sich um den zu Heilenden und senden ihm im Alphazustand „Heilungsenergie".

Neben unserer Gruppe erhob sich ein anderer zu Heilender, der zuvor im Rollstuhl gesessen hatte, selbstständig aus dem Stuhl und konnte gehen.

Man muss solche Begebenheiten selbst erlebt haben, um sie glauben zu können, so diametral widersprechen sie unseren bisherigen Lebenserfahrungen. Joe Dispenza, bei dessen Seminare derartige Phänomene regelmäßig auftreten, lässt sie seit einiger Zeit von einer Gruppe von namhaften Medizinprofessoren dokumentieren, um sie der Wissenschaft zugänglich zu machen.

12. Radionikcomputer diagnostizieren und heilen Krankheiten

Auf einer Geschäftsreise in die USA vor circa 15 Jahren erwischte mich eine massive Magenverstimmung mit Krämpfen und dem vollen Programm. Ich rief meine Ärztin in Deutschland an und bat um Rat. Sie antwortete: „Wir machen Quantec, rufen Sie mich in drei Stunden wieder an, dann wissen wir es." Drei Stunden später meinte sie, das sähe wie eine schwere Lebensmittelvergiftung aus – wahrscheinlich Fisch, sie würde „senden", also energetische Heilungsschwingungen übertragen. Nach einer etwas unruhigen Nacht ging es mir am nächsten Morgen schon deutlich besser, und am nächsten Abend war alles vorbei.

13. Fengshui-Priesterin vertreibt „Geister"

Auf der Suche nach einem Wohnhaus in Berlin stieß ich auf ein Objekt, das von einem gescheiterten ehemaligen Immobilienkönig bewohnt wurde. In Ermangelung eines zahlungskräftigen Käufers wollte dessen Bank die Zwangsversteigerung einleiten. Zwar einigte ich mich mit der Bank auf eine Vollstreckung, doch um dies zu blockieren, vermietete der „Besitzer" des Hauses dieses auf sieben Jahre unkündbar an drei verschiedene Parteien, unter anderem an eine seiner Firmen. Ich ersteigerte das Anwesen und musste feststellen, dass wir keinesfalls einziehen konnten: Der Besitzer zog mit seinem Büro in ein Zimmer mit dem schönsten Gartenblick. Nach einigen Monaten zahlte ich ihm eine Abstandssumme und konnte mit meiner Familie endlich einziehen. Als wir allerdings sein „Bürozimmer" betreten wollten, war es, als wenn einem eine kalte Hand ins Gesicht schlug – und unser Hund weigerte sich konsequent, das Zimmer zu betreten.

Schließlich baten wir eine uns bekannte Fengshui-Beraterin um Hilfe. Sie zelebrierte daraufhin ein spezielles Ritual mit Weihrauch und Beschwörungen und bat den „ungebetenen Gast" das Zimmer durch das geöffnete Fenster zu verlassen. Meine Frau und ich spürten unmittelbar nach der Zeremonie eine gewisse Leichtigkeit der Atmosphäre – und unser Hund betrat das Zimmer.

14. Qigong-Meisterin lebt von Licht

2017 suchten meine Familie und ich auf Empfehlung von Freunden in Berlin eine Qigong-Schule auf, um die Wirkungsweise und die Möglichkeiten von Qigong kennenzulernen. Im Vorgespräch mit der Meisterin schilderte sie uns ihren Ausbildungs- und Werdegang im Bereich der Energiemedizin – einer Medizin, die sich auf die Erleichterung und gar Maximierung der innerkörperlichen Energieflüsse konzentriert, ohne jegliche allopathischen Medikamente oder andere Eingriffe. Uns fiel auf, dass sie einen sehr warmen, aber auch eindringlichen Blick hatte, und eine fast abgehobene Ruhe von ihr ausging. Zudem hatte sie eine besonders gesunde

Ausstrahlung. Als wir auf das Thema der Ernährung zu sprechen kamen, gab sie primär Tipps zur veganen Ernährung und erwähnte beiläufig „Lichtnahrung", dass sie nichts aß, sondern sich seit vielen Jahren von Licht ernährte. Nach einer speziellen Meditation mit einem sehr bekannten indischen spirituellen Meister habe sie aufgehört zu essen, es ginge ihr gut und sie wirkte kerngesund. Die „Wunder" des Heilfastens waren mir durchaus bekannt; diese Steigerungsform allerdings, hat mich tief beeindruckt.

15. Künstler sind „Bodenstationen" göttlicher Eingebungen

Wolfgang Amadeus Mozart hat in 35 Jahren 626 musikalische Kunstwerke geschaffen. Angesprochen auf seine unvorstellbare Schaffenskraft meinte er: „Ich schreibe nur nieder, was mir als Eingebung gegeben wird." In einer Berechnung, wie viele Seiten mit Noten in seiner kurzen Lebenszeit verfasst werden konnten, kam man zu dem Ergebnis, dass er quasi im Rausch geschrieben haben muss.

Ähnlich Ludwig van Beethoven: In 56 Lebensjahren schrieb er 750 Kompositionen. Er meinte: „Was wir von der Kunst erwerben, das ist von Gott, göttliche Eingebung." Und in neuerer Zeit dazu Joseph Beuys: „Der Mensch ist eine Bodenstation für etwas Größeres."

16. Indische Yogis bewirken Wunder wie Jesus

Dass die Yogis in Indien, primär im Himalaya, unter mehr oder minder intensivem meditativen Einfluss schier unglaubliche Wunder vollbringen und ihren Körper unbegreiflichen Belastungen unterziehen können, ohne Schaden zu nehmen – das war der breiten Öffentlichkeit in der westlichen Welt bestenfalls vage bekannt. Interessanterweise gab es keine systematischen, wissenschaftlichen Untersuchungen und Ausarbeitungen dieser doch an sich hochinteressanten Phänomene. Ein wichtiges, umfassendes Zeugnis wurde 1924(!) veröffentlicht von Baird T. Spalding unter dem Titel „Life and Teaching of the Masters of the Far East" in fünf Bänden. Er führte eine Gruppe von elf wissenschaftlich ausgebildeten Forschungsreisenden vier Jahre durch Indien, China, Persien und Tibet, um dem Phänomen der

Fakire, Magier und Wunderheiler auf die Spur zu kommen. Sie erlebten, wie ihre Gesprächspartner über Wasser gingen, übers Feuer, in Gedankengeschwindigkeit reisten. Dies als Ergebnis jahrelanger Vorbereitung durch spezifische Meditationen. Sie erkannten, dass jegliche Begrenzungen letztlich von den Menschen selbst gemacht sind. Seine Expedition begann im Jahr 1894. Er bestand darauf, mit der Veröffentlichung zu warten, bis er die Zeit reif dafür hielt. Dies ist ihm offensichtlich nicht gelungen.

Geschichte der Intelligenz

Angesichts der Variationsbreite der Intelligenzausprägungen erscheint es sinnvoll, alle Kategorien auszuleuchten; zunächst die geschichtliche Entwicklung.

Im westlichen Kulturkreis beginnt eine bewusste Beschäftigung mit der Intelligenz, der Art und Weise zu denken, mit der griechischen Philosophie 350 bis 400 vor Christus. Finanziert von reichen Athener Bürgern konnten im wesentlichen Sokrates, Platon und Aristoteles sich vollständig auf die geistige Durchdringung der Grundfragen der Existenz des Menschen, auf die Art zu denken und die Prinzipien eines glücklichen Lebens konzentrieren.

Bezüglich des Denkens entwickelte sich eine Kontroverse zwischen Platon und Aristoteles. Aristoteles akzeptierte als Gegenstände des Denkens nur Phänomene, die mit den fünf Sinnen wahrgenommen werden können: Sehen, Hören, Schmecken, Riechen, Ertasten. Und als Unterscheidungskategorien nur die Dichotomie, ja oder nein, dazugehörig oder nicht, schwarz oder weiß. Platon hingegen akzeptierte Phänomene darüber hinaus, geistige und spirituelle, und er sah Kategorien über die Dichotomie hinaus, noch etwas zwischen ja und nein.

Aristoteles entwickelte den größeren Einfluss – auch dadurch, dass die Römer, nachdem sie die überaus intelligenten, kampftüchtigen Griechen besiegt hatten, das „griechische Denken" weitestgehend übernahmen und mit griechischen Hauslehrern an ihre junge Generation weitergaben. Die naturwissenschaftlichen Erfolge der Römer bezüglich Architektur, Kriegstechnik und Medizin waren im Wesentlichen eine Folge dieses griechischen Denkens. Diese unter anderem auf logischer Intelligenz basierende Dominanz der Römer währte bis in die Zeit der Völkerwanderung in den Jahren 300 bis 400 nach Christus.

Im Jahre 350 nach Christus erklärte der römische Kaiser Konstantin der Große aus rein machtpolitischen Gründen das Christentum, das sich durch den Apostel Paulus stark verbreitet hatte, zur Staatsreligion, was ihm für die folgenden Kriegsereignisse sehr förderlich war.

Das an sich auf Nächstenliebe und Barmherzigkeit gegründete Christentum wurde zudem unter dem Einfluss des Manichäismus zu einer streng hierarchischen, schlagkräftigen Organisation ausgebaut, die schon bald zu einer Nebenmacht neben der staatlichen heranwuchs. Der Manichäismus war ein auf den Perser Mani zurückzuführender Entwurf einer Weltreligion, die das Christentum, den Buddhismus und den Glauben des Zoroaster integrieren sollte. Augustinus war lange ein Jünger des Mani, was dazu führte, dass lebensfeindliche Elemente des Manichäismus wie eine starre Hierarchie zwischen „Erleuchteten und Zuhörern", einen strengen Dualismus zwischen Gut und Böse, einer Intoleranz gegenüber Andersgläubigen und eine ausgesprochene Leibes- und Lustfeindlichkeit auf das Christentum abfärbten. Augustinus rückkonvertierte später zum Christentum.

Die neue römische Staatsreligion wurde in den folgenden Jahren intensiv im wachsenden Reich ausgerollt und „apostologisiert". Hierbei wurden in den unterworfenen Ländern bestehende religiös-geistige Strukturen mit oder ohne Gewalt beseitigt, dabei kam es besonders in keltischen, germanischen und skandinavischen Regionen durchaus zu kriegerischen Auseinandersetzungen. Immerhin gab es hier gewachsene, entwickelte Naturbeobachtungs- und Heilungsstrukturen durch Druiden, weise Männer und Frauen und Heilern mit außergewöhnlichen spirituellen Fähigkeiten. Diese zarten Pflänzchen lokaler geistiger, intellektueller und spiritueller Kompetenz wurden durch die staatlich unterstützte Missionierungswelle mit christlicher Dogmatik überrollt. Gleiches galt in dem an schamanischer Weisheit reichen Polynesien.

Bei einer Reise durch Französisch-Polynesien wurde ich durch Zufall mit den nach wie vor wirksamen Ausläufern dieser christlichen Missionarstätigkeit aus verflossenen Zeiten konfrontiert: Auf Bora Bora lebten die Eingeborenen völlig verarmt an der schmalen Küste zwischen Urwald und Lagune. Der Urwald barst vor Fruchtbarkeit mit den köstlichsten Früchten, die Lagune quoll über mit den schmackhaftesten Fischen, Muscheln und Krustentieren – doch die Ureinwohner bauten weder Getreide noch Gemüse noch Obst an noch züchteten sie Nutztiere und das Fischen betrieben sie auch nicht. Und das mitten im Paradies. Die Lösung dieses Rätsels: Die Missionare hatten ihnen eingeredet, im Urwald wohnten böse Geister, die ihnen nach dem Leben trachteten und im Wasser gäbe es giftige Schlangen, die sie ebenfalls töten wollten. Nur an der Küste und damit unter dem Einfluss der Missionare seien sie sicher. Das führte dazu, dass die heutzutage florierende Nobelhotelindustrie auf den Inseln ihre Lebensmittel importieren musste, anstatt sie lokal beschaffen zu können.

Zurück zum europäischen Mittelalter: Machtpolitisch an die Öffentlichkeit trat das vom Papst in absoluter Autorität geführte Christentum mit der Krönung Karls des Großen zum Kaiser des heiligen römischen Reiches deutscher Nation. Dass der Kaiser vom Papst als Herrscher eines „heiligen Reiches" gekrönt wurde, zeigt bereits den aufkommenden Dominanzkonflikt zwischen weltlicher und geistlicher Macht. Der Konflikt gipfelte im Investiturstreit zwischen Papst Gregor VII. und dem römisch-deutschen Kaiser Heinrich IV. Es ging um das Recht, den Bischof von Mailand zu ernennen. Als Heinrich IV. dem Papst das Recht hierzu verwehrte, belegte ihn dieser mit dem Kirchenbann, dem Ausschluss aus dem Kreis der Gläubigen. Den damit verbundenen dramatischen Machtverlust konnte Heinrich IV. nur durch eine Bitte um Vergebung verhindern – den berühmten Gang nach Canossa im Dezember 1076 im Büßergewand. Später rächte sich zwar der Kaiser mit der Belagerung von Rom; diese Begebenheit zeigt jedoch das schier unglaubliche Ausmaß der sogenannten „geistlichen Macht".

Intellektuell bedeutete diese vollständige Dominanz der geistigen Welt der Kirche, dass naturwissenschaftliche Erkenntnisse vor der Bibel Bestand haben mussten, um Geltung zu erlangen. Widersprüchliche Erkenntnisse wurden mit der eigens dafür geschaffenen Instanz, der Inquisition, verfolgt und zum Teil mit der Todesstrafe geahndet.

Gleiches galt für „weise Frauen" mit teilweise erstaunlichen medizinischen Fähigkeiten, die bei mangelndem Glaubensgehorsam zu „Hexen" erklärt und unter Ägide der christlichen Kirche in beachtlicher Grausamkeit gefoltert und entsprechend eliminiert wurden. Historische Sammlungen über die Zeit des Mittelalters berichten von bis zu 6.000 Hexenverbrennungen.

So legte sich für circa 1.000 Jahre der Mehltau der christlichen Kirche mit ihrer militanten Dogmatik auf die Geistigkeit und Intellektualität des Abendlandes.

Um 1400 bis 1450 begann sich diese Blockade zu lockern durch zum Teil zeitgleich oder leicht versetzt aufkommende Entwicklungen: die Renaissance – Wiedergeburt des Altertums – in Italien durch reiche Stiftungen der Medici sowie durch zahlreichen Zuzug von Gelehrten aus der von den Türken eroberten Stadt Konstantinopel, die Erfindung des Buchdrucks um 1455, die Entdeckung Amerikas um 1492, die Entwicklung des heliozentrischen Weltbildes durch Kopernikus, die Reformation der katholischen Kirche durch unter anderem Martin Luther und die Ausbreitung des Humanismus durch Erasmus von Rotterdam.

Dieser breite Strom kultureller, religiöser, wirtschaftlicher, geopolitischer und sozialer Umbrüche und Entwicklungen führte um etwa 1700 zu der intellektuell und kulturell zentralen Bewegung der Aufklärung, die dem rationalen Denken und der Vernunft zur universalen Urteilsinstanz verhalf – letztlich eine Wiedergeburt des Denkens des Aristoteles. Einherging diese Rückbesinnung auf die Vernunft mit dem Ruf nach religiöser Toleranz.

In diesem Umfeld explodierten quasi Naturwissenschaften, Dichtung, Musik und Malerei, die wirtschaftlichen Rahmenbedingungen und die sogenannte Eroberung der Welt durch die Kolonisatoren. Der Griff der Kirche hatte sich gelockert – sie blieb aber in allen Lebensbereichen tief präsent. Die intellektuellen Meinungsführer waren zu dieser Zeit Voltaire, Kant, Newton und Descartes.

Die Abkehr von christlicher Dogmatik hin zur Vernunft, zur Realität und zum logischen Denken führte in den folgenden Jahren zu einem immensen Aufschwung der Naturwissenschaften, der Medizin und damit der wirtschaftlichen Leistungsfähigkeit, des Wohlstandes – und der Bevölkerungszahlen. Der Aufstieg Europas zur führenden Weltregion nahm seinen Anfang. Um diesen Aufstieg mit dem nötigen Treibsatz und der nötigen Nachhaltigkeit zu versehen, begannen die europäischen Staaten das Schulwesen und die Gründung von Universitäten voranzutreiben. Die bisherigen Theologie-, Jura- und Lateinuniversitäten und -schulen wurden thematisch um Naturwissenschaften, Medizin und Mathematik erweitert.

Dieser Wissenschafts-, Wirtschafts- und Ausbildungsboom induzierte einen sich weiter beschleunigenden Prozess des Aufstiegs, der von einer grundlegenden Bewusstseins- und Weltbildveränderung begleitet wurde. Der bereits latent vorhandene Materialismus erhielt durch die an der Realität – das heißt an der Materie – orientierten Logik und dem wachsenden Wohlstand einen immer stärkeren Auftrieb. Das Wachstum der Relevanz und des Volumens der wissenschaftlichen Erkenntnisse führte zu einer nach wie vor anhaltenden Wissenschaftsgläubigkeit mit der Logik als allumfassendem Prinzip und Descartes, Newton und Kant als deren Hohepriester. Die damaligen wissenschaftlichen Erkenntnisse hatten primär mechanische Grundlagen, was in das gesamte Denken abstrahlte.

Nicht nur Physik und Chemie wurden von der mechanistischen Logik beherrscht, auch Medizin, Psychologie und Soziologie folgten diesem Denkprinzip. Dies führte dazu, dass der menschliche Körper als Ansammlung vieler unterschiedlicher Maschinen oder Organe betrachtet wurde, die einzeln und isoliert durch physischen oder chemischen Eingriff kuriert werden – mit hohem Anteil der Chirurgie und Zuführung von Chemikalien. Dieser fast 200 Jahre alte mechanistisch-logische Denkansatz von Isaac Newton beherrscht nahezu unverändert im westlichen Kulturkreis Wissenschaft, Wirtschaft, Medizin, Humanwissenschaften und das darauf aufbauende materialistische Weltbild.

Einherging mit den für damalige Zeiten überragenden Erfolgen die Entstehung einer Hybris bezüglich der menschlichen Fähigkeiten aufgrund der Logik. Die Ärzte gewannen die Überzeugung, den menschlichen Körper „besser machen zu können" als die Natur – oder damals Gott. Insbesondere die Chirurgen begannen, sich für allmächtig zu halten: Im Zweifel solle man operieren. Herzprobleme wurden mit Herzschrittmachern kuriert, obwohl der kranke Körper sich selbst hätte heilen können. (Dazu später mehr bei der Meditation, S. 118.)

In der Forstwirtschaft wird der ehemals hocheffiziente Urwald mit Ordnung und Chemie „geradevor gebracht": Monokultur in Reih und Glied, Kahlschlag und chemisches Unkrautvernichtungsmittel. Trockenprobleme und Schädlingsbefall sind die Folge, werden aber mit noch mehr Chemie bekämpft, obwohl eine Mischbepflanzung mit heimischen Baumarten die Probleme gelöst hätte. Ähnlich in der Landwirtschaft. Mit regelmäßigem tiefen Pflügen wird zwar das Unkraut untergepflügt, zugleich aber der Humus ruiniert. Dem wird dann mit mehr Kunstdünger begegnet – und man wundert sich über stark rückläufige Erträge in der Landwirtschaft.

Die vor 120 Jahren von Max Planck entdeckte Quantenphysik entzieht der newtonschen Königsdisziplin, der Physik, und allen anderen logikdominierten „wissenschaftlichen Disziplinen" den Boden, hatte aber über enge akademische Zirkel hinaus auf die oben aufgefächerten Gedankenwelten kaum einen wesentlichen Einfluss.

Logik und Fähigkeit im logischen Denken werden im Elternhaus, dem Kindergarten, den Schulen und den Universitäten vermittelt. Kompetenz im logischen Denken fördert die Karriere, führt zu hohem Einkommen und Status in der Gesellschaft. An der logischen Kompetenz orientierte, akademische Titel steigern diese Bedeutung noch. Das Hinterfragen oder die Bedeutung der Logik in Zweifel zu ziehen, führt zu Einkommens- und Statusverlust, da der Peer Pressure unter „Logik-Kompetenten" die Einhaltung dieser Sozialmechanik stützt. Krankenversicherungen erstatten nur Leistungen auf der Grundlage der Schulmedizin, die auf dem mechanistisch-logischen Denkprinzip basiert. Auch damit wird die Einhaltung des Denkansatzes sanktioniert.

Man kann quasi von einem Hamsterrad des logikinduzierten Materialismus sprechen: Von Kindesbeinen an werden die Kinder auf Leistung und späteren Erfolg getrimmt, um in die richtigen Schulen und Universitäten zu kommen. In Südkorea führt dies unter anderem zu einer hohen Selbstmordquote bei Kindern. Hat man den Einstieg geschafft, führt der Konkurrenzdruck unter den gleichermaßen Erfolgreichen dazu, dass die Tretmühle des Erfolges weiter beschleunigt wird. Der Fokus auf die Logik und die materialistische Erfolgsmechanik wird immer weitergetrieben, sodass keine Chance besteht, zu entspannen und rechts und links zu schauen, ob dies denn alles sei.

Der materielle Erfolg – und damit indirekt die Fähigkeit zu logischem

Denken – bestimmt den Rahmen der Lebensbedingungen, die Möglichkeiten und den Status in der Gesellschaft. Vollakademiker – und damit „Hohepriester des logischen Denkens" beanspruchen und erlangen zudem den Status eines Menschen „höherer Ordnung". Dies gilt insbesondere für Professoren, Ärzte, Juristen, Diplomingenieure, Architekten etc. Oder wann sind Sie zuletzt von einem Arzt auf Augenhöhe behandelt worden? Und wenn das „rat race" zur Erreichung des akademisch bedingten, höheren Status vorbei ist, sind Körper und Geist meist zu ausgepowert, um noch einmal den Sprung zu etwas ganz Neuem zu wagen, geschweige denn zu schaffen. Man ist durch das bisherige Leben völlig mußeunfähig geworden.

Eine einseitige Konzentration auf das logische Kognitionssystem führt zudem zu einer weitgehenden Unterdrückung oder Missachtung der Emotionalität; Was, wenn es von Kindesbeinen an erfolgt, zu einer psychischen Verarmung und Deformation der Heranwachsenden führt – mit fatalen Konsequenzen für die Gesamtgesellschaft und das gesellschaftliche Miteinander. Der maßgebende Intelligenzbegriff bestimmt die zentralen Koordinaten der Kultur.

Koordinaten der Intelligenz

„Intelligenz ist, was Intelligenztests messen." Diese Formulierung von Edwin Boring aus dem Jahre 1923 gibt prägnant wieder, was gefälligst unter Intelligenz zu verstehen ist, und welchen Stellenwert ihr in der US-amerikanischen Umwelt des puren Materialismus zukommt: eine einfache und effiziente Methode zur Beurteilung der Verfügbarkeit von Personal für den Wirtschaftsprozess. Die Definition von Intelligenz war damals überschlägig – wie oft auch heute noch – „die Fähigkeit, logisch zu denken".

Gesponsert von der amerikanischen Industrie unternahm Howard Gardner 1993 – damals Assistent an der Harvard-Universität – den Versuch, Intelligenz weiter zu fassen. Er sichtete veröffentlichte Studien zur Intelligenz, sortierte sie in ein Raster von sieben Formen der Intelligenz und kreierte einen sehr griffigen neuen Begriff „Multiple Intelligences":

- Logisch-mathematische Intelligenz
- Linguistische Intelligenz
- Räumliche Intelligenz
- Interpersonale Intelligenz
- Intrapersonale Intelligenz
- Musikalische Intelligenz
- Körperlich-kinetische Intelligenz

Zusammen mit diesem Systementwurf kreierte er auch eine neue Definition, die eine hohe Akzeptanz erzielte und nach wie vor erhalten ist: „Intelligenz ist die Fähigkeit, Probleme zu lösen oder Produkte zu gestalten, die in einem oder mehreren kulturellen Umfeldern von Wert sind."

Der IQ-Test, die mit Abstand am weitesten verbreitete Messung von Intelligenz, ist zu etwa 70 % mathematisch-logisch und zu rund 30 % linguistisch geprägt und wurde durch die gardnersche Erweiterung nicht verändert. Gardner entwickelte auch kein neues IQ-Design. Man muss demnach festhalten, dass über eine breite Diskussion in akademischen Kreisen mit vielen Auflagen immer gleicher Darstellungen und einigen Veränderungen von Schulcurricula sich durch Gardners Unterfangen wenig geändert hat. Es blieb bei dem sehr weit verbreiteten Verständnis: „Intelligenz ist die Fähigkeit, logisch zu denken."

Zerlegt man diese Logik-Definition in ihre Strukturelemente und formuliert sie aus, so ergeben sich:

- Die Lösung eines Problems, Erreichung eines Zieles, Erstellung eines Produktes
- Die Verarbeitung von Information
- Die Verwendung eines Algorithmus

Bei näherem Hinsehen erweist sich die Begrenzung der Intelligenz auf die Logik als geradezu verhängnisvolle Selbstbeschränkung. Eine Begrenzung auf die Realität, auf Gegenstände und Erscheinungen, die mit den fünf Sinnen wahrgenommen werden können: Sehen, Hören, Riechen, Schmecken, Ertasten. Dieser Fokus auf die Materie gibt dem grundsätzlich bereits vorhandenen Materialismus einen mächtigen Vorschub und ist die Grundlage unseres materialistischen Weltbildes und Weltverständnisses. In Verbindung mit dem christlichen Glauben entstand hieraus die kulturelle Verfasstheit der westlichen Welt; sowie im Kommunismus der dialektische Materialismus.

Es beginnt schon mit der Wahrnehmung: Wir betrachten die Welt durch eine materielle Brille. Auf die Frage „Was sehen Sie?" benennen wir das vor uns stehende Haus – und nicht die wunderschöne grüne Farbe des Rasens und das sanfte Blau des Himmels. Wahrnehmung und die anschließende logische Verknüpfung der erfassten Elemente definiert den Raum, in dem das Denken stattfindet. Die Logik begrenzt damit explizit den Bereich oder Raum, in dem sie stattfindet, engt also das Denken implizit ein.

Diese scheinbar unangreifbare Bastion der Logik und des damit verbundenen Weltbildes im Materialismus erfuhr eine grundlegende Falsifikation durch die Entwicklung der Quantenphysik durch Max Planck um 1900. Der Denkprämisse des Aristoteles, dem herrschenden Intelligenzbegriff, der Physik und allen anderen Wissenschaften wurde die Grundlage entzogen. Dies war notwendig geworden, weil unter anderem die Grundannahme des Aufbaus der Materie sich als falsch erwiesen hatte. Bis dahin galt das Atom als kleinste nicht mehr teilbare physikalische Einheit. Analysierte man jedoch tiefer, fand man heraus, dass das Atom aus einem Atomkern besteht, der von einem großen Feld umgeben ist, in dem sich ein oder mehrere Elektronen befinden. Verglichen mit den winzigen Elektronen ist dieses Feld so groß, dass es zu 99,999999999999999 Prozent aus leerem Raum zu bestehen scheint. Auf dieser Grundlage zog Heisenberg die Validität sämtlicher bis dahin bekannter naturwissenschaftlicher Obersätze in Zweifel und damit die Gültigkeit der damaligen naturwissenschaftlichen Theoriegebäude.

Der Raum im Atom erwies sich allerdings nicht als leer, sondern gefüllt mit einer ungeheuren Bandbreite von energetischen Frequenzen, die ein unsichtbares verbundenes Informationsfeld ergeben. Alles im bekannten Universum ist also zu 99,9999999 Prozent aus Energie beziehungsweise Information gebildet, obwohl es als konkrete feste Materie erscheint. Nahezu das gesamte Universum besteht aus diesem „leeren" Raum, in dem Materie nur einen unendlich kleinen Anteil ausmacht, verglichen mit dem ungeheuren Raum, in dem es nichts Physisches gibt.

Die Elektronen im Atomkern verhalten sich nun völlig unberechenbar, sie sind nicht denselben sogenannten Gesetzmäßigkeiten wie die Materie unterworfen. Für einen Augenblick sind sie da, und im nächsten Moment sind sie verschwunden. Wann und wo sie auftauchen, ist unmöglich vorherzusagen, weil sie gleichzeitig in unendlich vielen Möglichkeiten beziehungsweise Wahrscheinlichkeiten existieren. Erst wenn ein Beobachter aufmerksam nach etwas Materiellem, Dinglichem sucht, kollabiert das unsichtbare Energie- und Informationsfeld in ein Partikel, das uns als Elektron bekannt ist. Dies nennt man einen Kollaps der Wellenfunktion beziehungsweise ein Quantenereignis. Sobald der Beobachter wegschaut, das Elektron nicht mehr beobachtet, der subatomaren Materie seine geistige Aufmerksamkeit entzieht, verschwindet es und ist wieder Energie. Das Partikel aus physischer Energie kann nur existieren, solange es beobachtet wird; sobald wir das Interesse abziehen, wird es wieder Energie und zu einer Möglichkeit.

So hängen Geist und Materie im Quantenfeld zusammen. Es scheint, wir alle und unsere dreidimensionale Realität werden beständig von einem objektiven universellen Bewusstsein beobachtet, das uns dadurch Ordnung und Form verleiht. Solange wir unser Leben Tag für Tag aus der immer gleichen geistigen Verfassung heraus in Erwartung einer Zukunft, die auf unserer Vergangenheit basiert, betrachten, lassen wir unendliche Energiefelder immer wieder in dieselben Informationsmuster kollabieren – unser Leben und unsere materielle Umwelt.

Bei der spirituellen Intelligenz werden wir hier wieder anknüpfen. Denn die Erkenntnisse der Quantenphysik bewirken noch mehr, als die Omnipräsenz der Logik zu relativieren. Die Entdeckung der Quantenphysik entzieht nicht nur der Physik die bis dahin geltende Grundlage – sie entzieht die Grundlage der Logik gleich mit, denn sie lenkt die Aufmerksamkeit von der Materie auf die Schwingung als Grundlage aller realen Phänomene.

Seit dem Urknall als Entstehung des Universums ist die Schwingung der Urbaustein von allem und determiniert entsprechend auch alles. Das Atom besteht aus Schwingungen, Energie besteht aus Schwingungen, das gesamte Universum besteht aus Schwingungen. Vergegenwärtigt man sich noch einmal die „intelligenten Momente" zu Beginn des Buches, so zieht sich die Vorstellung verschiedenster Formen von Schwingungen wie ein roter Faden durch die einzelnen Beispiele – der Erkennung und Wahrnehmung von Schwingungen sowie deren Aktivierung und Einsatz. Wahrnehmung und Aktivierung von Schwingungen erweist sich als weit größerer und umfassenderer „Algorithmus" als der logische Syllogismus.

„Organe" der Intelligenz

„Denken und Intelligenz findet ausschließlich im Gehirn statt", dies ist eine weitere weit verbreitete Überzeugung. Eine eindeutige Lokalisation bestimmter mentaler Aktivitäten im Gehirn ist mit letzter Präzision immer noch nicht möglich; insbesondere angesichts der mehr als 200 Mrd. Neuronen mit mehr als 100 Billionen Verbindungen untereinander, auf die das Gesamtpotential im Gehirn geschätzt wird. Diese Zahl lässt ahnen, welch unbegrenzte Kapazitäten uns im Gehirn zur Verfügung stehen. Und diese Neuronen sind mit sogenannten Synapsen verbunden – in einer unbegrenzten Anzahl von Varianten. Diese „Grundausstattung" ist – wie alles am Körper – durch Training und Belastung auf weiteres Wachstum und weiteren Zuwachs ausgelegt.

Vom Gehirn, das aus drei Teilen besteht, dem Kleinhirn, dem Mittelhirn und dem Großhirn, ist nur die linke Seite des mittig geteilten Großhirns mit dem logischen Denken befasst, alle anderen Teile des Gesamthirns stehen für andere Intelligenz-Funktionen zur Verfügung. Darüber hinaus schwingt die linke Großhirnhälfte wie das Gesamthirn in 5 verschiedenen Frequenzen: Delta 0 – 4 Hz, Theta 4 – 8 Hz, Alpha 8 – 12 Hz, Beta 13 – 39 Hz und Gamma 40 – 100 Hz. In diesem Schwingungsspektrum findet das logische Denken allein im Bereich Beta 13 – 39 Hz statt. Alle anderen Frequenzen stehen für andere Funktionen zur Verfügung. Damit sind allein im Gehirn mit seinen drei Bereichen überschlägig nur 1/6 – die linke Großhirnhälfte – und innerhalb dieser linken Hälfte nur etwa 1/5 der Frequenzen mit logischem Denken befasst; alle anderen Bereiche sind frei.

Gehirnwellen und ihre Frequenzen

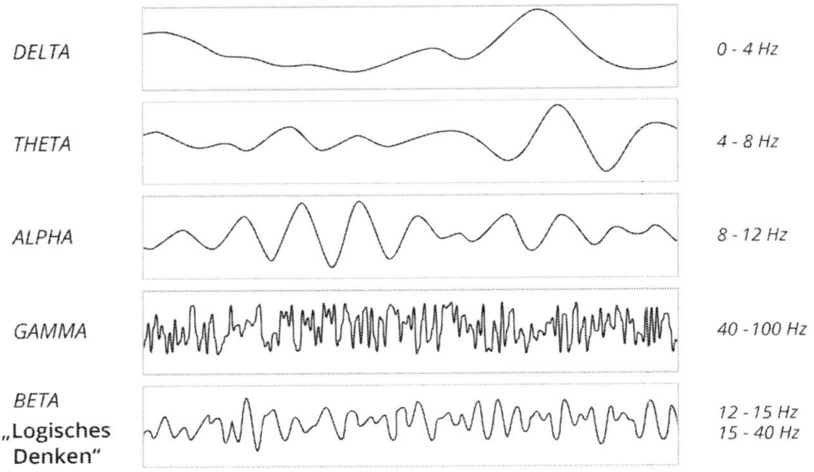

Lösung eines Problems, Verarbeitung von Information und Anwendung eines Algorithmus: Dies sind die Systemelemente der Intelligenz und in der Welt der Logik allgegenwärtig und geläufig. Aber was geschieht in den oben dargelegten weitläufigen anderen Bereichen?

Der Mensch besteht aus circa dreißig Billionen Zellen und jede dieser Zellen ist laut Bruce Lipton intelligent: Jede Zelle besitzt ein funktionales Äquivalent zu unserem Nervensystem, Verdauungssystem, Atmungssystem, Ausscheidungssystem, Drüsensystem, Muskel- und Skelettsystem, Kreislaufsystem und Fortpflanzungssystem, sogar ein primitives Immunsystem. Es strebt nach einer Umgebung, die ihr Überleben fördert und meidet giftige oder überlebensfeindliche Situationen. Wie wir Menschen registrieren auch einzelne Zellen Tausende von Reizen aus ihrer Umgebung. Nach einer Analyse dieser Daten wählt die Zelle angemessene Verhaltensreaktionen, um ihr Überleben zu sichern. Menschen sind eigentlich kooperative Gemeinschaften aus ungefähr 30 Billionen einzelligen Mitgliedern, die gemeinsam überleben wollen.

Allein, in Zellverbunden, Organverbunden oder Chakrenverbunden laufen diese Zellen zu phänomenalen Intelligenzleistungen auf. Wenn die Zelle verletzt ist, reagiert sie allein und autonom. Autonom reinigt der Blutfluss die Wunde, hört auf, wenn die Verletzung „geklärt" ist, und beginnt mit der Heilung. Bei größeren Verletzungen reagiert der Zellverbund ebenfalls autonom und optimal aufeinander abgestimmt im gleichen Procedere.

Im Organverbund hat die Einzelzelle ihre spezifische Aufgabe für die Organfunktion neben der reinen Selbsterhaltung. Sie sind unter anderem durch Drüsen, Hormone und chemische Substanzen verbunden. Sie nimmt wahr, wenn durch Umwelteinflüsse oder durch Irritationen im Gesamtkörperverbund ihre Funktion eingeschränkt oder gefährdet ist und reagiert autonom intelligent in Richtung auf eine Problemlösung. Entscheidend ist, dass die Autonomie idealerweise nicht gestört ist durch ungeeignete Interventionen.

Organe und Organverbunde bilden Energiezentren oder Chakren. Chakren (wörtlich „Rad" oder „Kreis") werden im tantrischen Hinduismus oder im tantrischen Buddhismus als Zwischenstufen zwischen dem physischen Körper und dem feinstofflichen Körper bezeichnet. Den einzelnen Zentren sind bestimmte Drüsen, Hormone und andere chemische Substanzen zugeordnet und sie haben jeweils ihr eigenes Nervengeflecht – eine Art Minigehirn. Mit einem eigenen Gehirn hat auch jedes Zentrum, sofern es durch Bewusstsein aktiviert wird, seinen eigenen Geist. Geist ist Gehirn in Aktion. Und dieser Geist wird durch Energie mit leitender Intention aktiviert. Die einzelnen Chakren fokussieren ihre Intelligenz auf bestimmte zentrale Lebensbereiche; sind die Chakren nicht entwickelt und „nicht gepflegt", werden diese Bereiche vernachlässigt bzw. in ihrem Potenzial nicht ausgeschöpft und „ausgelebt".

Chakren – Energiewirbel im physischen Körper

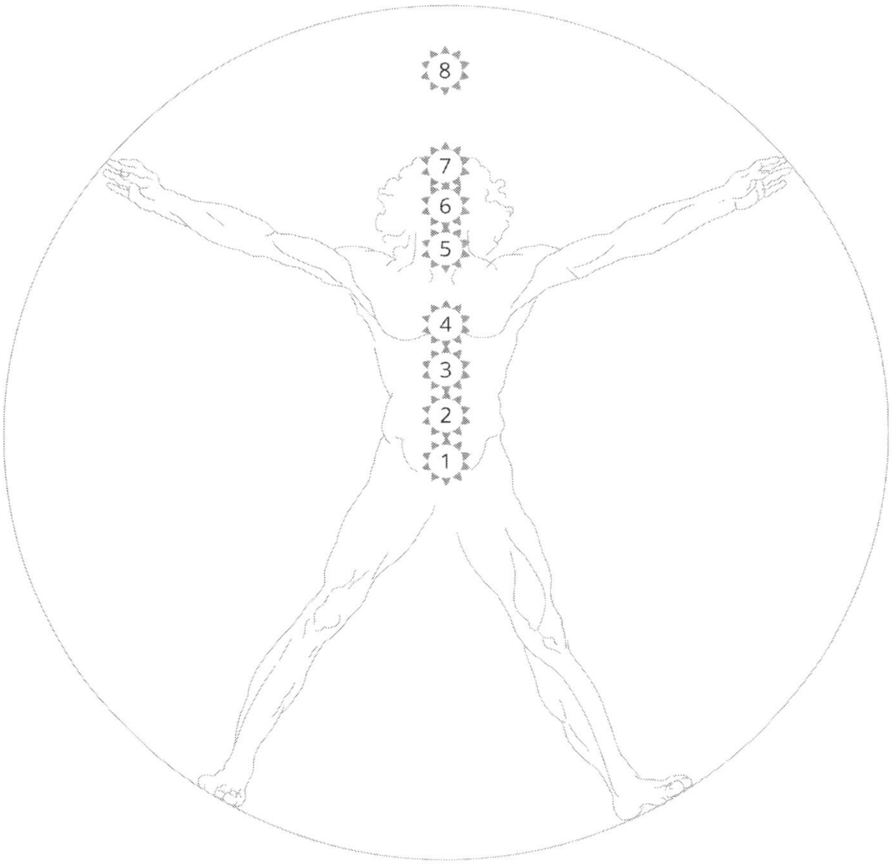

Das erste Chakra

Im ersten Chakra sitzen die Fortpflanzungsdrüsen. Wird es durch Energie aktiviert, hat sein „Kopf" etwas ganz Bestimmtes im Sinn. Sobald der Mensch als bewusstes Wesen etwas denkt oder eine Phantasie (Bewusstsein, welches auf das Nervengewebe einwirkt) hat, verändert sich unversehens die Physiologie des Körpers und damit auch die Energie. Der Körper schüttet Hormone und weitere chemische Substanzen aus den jeweiligen Drüsen aus, um den betreffenden Menschen emotional auf den Geschlechtsverkehr vorzubereiten. Jetzt fließt in diesem Chakra mehr Energie, es schwingt in einer spezifischen Frequenz, die Träger einer Botschaft mit einer Intention ist. Der in dieser Körperpartie sitzende Geist agiert auf der Basis seines Minigehirns auf der unterbewussten Ebene autonom durch das autonome Nervensystem, das sich der bewussten Kontrolle entzieht. Hormone, Drüsen und chemische Substanzen werden autonom ausgeschüttet, ändern die emotionale Verfassung und Physiologie des Körpers und geben dem betreffenden Menschen eine entsprechende sexuelle Ausstrahlung. Das Chakra hat „seinen eigenen Kopf".

Im Intelligenz-Fokus dieses Chakras stehen die Erdung und das Überleben. Es arbeitet unter allen Umständen daraufhin, uns lebend zu erhalten. Es beherrscht unsere grundlegenden Instinkte (Essen – Schlafen – Sexualität) zur Selbsterhaltung und Fortpflanzung. Die Hormone Östrogen und Progesteron bei den Frauen sowie Testosteron bei den Männern werden hier produziert. Das Chakra verfügt über ungeheure kreative Energie; immerhin wird hier neues Leben erschaffen. Befindet es sich in Balance, fließt die schöpferische Energie und Kreativität mühelos und der Mensch ist in seiner sexuellen Energie geerdet.

Das erste Chakra entwickelt sich in den ersten sechs Lebensmonaten. Ein gestörtes erstes Chakra vermittelt das tiefgründige Gefühl, in der eigenen Existenz nicht geborgen, nicht sicher zu sein. Alle Körperfunktionen sind hierdurch negativ belastet. Es fehlt an „Angenommensein", an Geborgenheit. Unsere auf Logikdominanz gegründete Kultur unterbindet die Verbundenheit mit der Erde. Unser mangelndes Körpergefühl separiert uns von der Basis. Die Überwindung dieser dysfunktionalen kulturellen Programmierung kann einen das ganze Leben beschäftigen.

Das zweite Chakra

Im zweiten Chakra sind die Eierstöcke, die Bauchspeicheldrüse und der Dickdarm angesiedelt. Auch dieses Energiezentrum hat sein eigenes Gehirn. Wird es aktiviert, wird unser Bauchgefühl gestartet. Es werden in gleicher Weise Hormone, Drüsen und chemische Substanzen, Energie und Emotionen angestoßen. Der Intelligenz-Fokus dieses Chakras ist die Bewegung, Beweglichkeit und der Lebensfluss. Es ist die Umsetzung des Auslebens der Sexualität, die im Wurzelchakra grundgelegt ist. Dieser Bereich wird aufgrund der Hunderte von Millionen an Neuronen und neuronalen Verbindungen (mehr als im Rückenmark oder peripheren Nervensystem) das zweite Gehirn genannt. 95 Prozent des im Körper vorkommenden Serotonins, des „Wohlfühlhormons" befinden sich nicht im eigentlichen Gehirn, sondern im Bauch. Nahrungsaufnahme, Verdauung, Ausscheidung und Umwandlung der Nahrung in Energie durch Verdauungsenzyme und Verdauungssäfte finden hier statt. Ist es in Balance, fühlte sich der Mensch in der Welt und in seiner Umwelt sicher.

Das zweite Chakra entwickelt sich zwischen sechs Monaten und zwei Jahren des entstehenden Lebens. Ist es defizitär, herrschen ein rigides Körpergefühl, Frigidität und Angst vor Sexualität, exzessive Schuldgefühle, schwache Sozialfähigkeiten, Unfähigkeit zur Freude und zur Leidenschaft. Im ausgewogenen Fall besteht ein gesundes Verhältnis zur Intimität, Körperlichkeit, Freude und Leidenschaft sowie zu menschlichen Beziehungen. Ein gezieltes Gegenprogramm kann Abhilfe schaffen.

Das dritte Chakra

Das dritte Chakra sitzt in der Bauchgrube, es steuert den Magen, den Dünndarm, die Milz, die Leber, die Gallenblase, die Nieren und die Nebennieren, Adrenalin und Cortisol werden hier ausgeschüttet. Das Energiezentrum wird auch das Sonnengeflecht bzw. Solarplexus genannt. Der Intelligenz-Fokus dieses Chakras ist gerichtet auf Willenskraft, Stärke, Macht, Kontrolle, Tatkraft, Aggression und Dominanz. Bauchentscheidungen – Entscheidungen unter Unsicherheit mit großer Tragweite, also auch die häufigsten und wichtigsten Entscheidungen in Politik und Wirtschaft – werden im zweiten und dritten Chakra getroffen. Befindet es sich in Balance, wächst der Mensch anhand seiner Willenskraft und Tatkraft über sein Umfeld und seine Lebensumstände hinaus.

Das dritte Chakra entsteht zwischen 18 Monaten und sechs Jahren. Defizite sind schwache Energie, Willenskraft und Selbstdisziplin, mangelndes

Selbstbewusstsein oder Opfermentalität. Eine Sequenz von erfolgreichen Leistungen, positiv geendete Konfrontationen, Fitnesstraining, tiefe Entspannung, Ego-Training und Grounding können helfen.

Das vierte Chakra

Das vierte Chakra hinter dem Brustbein steuert das Herz, die Lungen und die Thymusdrüse, die wichtigste Immundrüse des Körpers. Mit diesem Chakra werden Hormone wie das Wachstumshormon und Oxytocin sowie eine Kaskade von 1400 weiteren chemischen Substanzen assoziiert, die über die Thymusdrüse das Immunsystem ankurbeln. Die Thymusdrüse ist zuständig für Wachstum, Reparatur und Regeneration des Körpers. Bei dem vierten Chakra bewegen wir uns von der Selbstsucht – den ersten Chakren – hin zur Selbstlosigkeit. Es wird von den Emotionen der Liebe, der Fürsorge, des Nährens, des Mitgefühls und Vertrauens, der Dankbarkeit, Wertschätzung, Güte und Freundlichkeit, Inspiration, Selbstlosigkeit und Ganzheit assoziiert. Das Herzzentrum ist der Sitz der Seele. Befindet es sich in Balance, kümmern wir uns um andere und möchten mit anderen zum Besten der Gemeinschaft beitragen. Wir empfinden echte Liebe zum Leben, fühlen uns ganz und sind mit uns zufrieden.

Wie die anderen Chakren schwingt es in einer spezifischen Frequenz und verfügt über eigene Hormone, Emotionen und chemische Stoffe sowie ein eigenes Minigehirn, das Energie von einem Energie- und Informationsfeld um dieses Zentrum herum bezieht. Empfängt dieses Gehirn Informationen der Fürsorge, Freundlichkeit, Selbstlosigkeit, des Mitgefühls und Dankbarkeit, sendet es Anweisungen und Botschaften an die Organe und Gewebe, die in diesem Teil des Körpers sitzen, und sie strahlen liebevolle Energie aus diesem Chakra ab.

1991 zeigte J Andrew Armour, dass das Herz im wahrsten Sinne des Wortes seinen eigenen Geist beziehungsweise „Kopf" hat. Es verfügt über ein Nervensystem aus bis zu 40.000 Neuronen, das unabhängig vom Gehirn funktioniert und als das intrinsische Nervensystem, das Herzgehirn, bezeichnet wird. Herz und Gehirn sind über absteigende und aufsteigende

Nervenbahnen verbunden, wobei 90 Prozent der verbindenden Nerven direkt vom Herzen zum Gehirn führen. Die Signale vom Herzen zum Gehirn verbinden sich über den Vagusnerv und laufen direkt in den Thalamus (kortikale Aktivität wie Denken, Wahrnehmen und Sprachverständnis), dann weiter zu den Stirnlappen (motorische Funktionen und Problemlösungen), bis hin zu den Überlebenszentren des Gehirns, der Amygdala (emotionales Gedächtnis). Diese enge Verbindung entspricht der Intelligenzkomplementarität zwischen Herz und Gehirn.

Wie Armour entdeckte, verarbeitet das Herz Emotionen selbständig, regiert direkt auf die Umwelt und reguliert seine Rhythmen ohne Informationen vom Gehirn zu beziehen, weil das Herz und das autonome Nervensystem eng zusammenarbeiten. So schreibt Goleman mit Bezug auf Antoine de Saint-Exupéry („Der kleine Prinz"): „Nur mit dem Herzen sehen wir richtig."

Befindet sich das Herz in Kohärenz – das heißt, es schlägt in geordnetem, regelmäßigem Rhythmus – dann reagiert das gesamte autonome Nervensystem entsprechend positiv und erhöht die Energie, die Kreativität und insbesondere die Intuition im Gehirn. Zum Thema Intuition wird später zurückzukommen sein.

Ein starkes kohärentes Herz kann Angst, Stress und Panikattacken in Schach halten. Aus dem Herzen kommende Emotionen beeinflussen, wie wir denken, Informationen verarbeiten, fühlen und die Welt sowie unseren eignen Platz darin verstehen. Ein kohärentes Herz produziert zudem eigene Gefühle und komplexe körperliche Vorgänge der Dankbarkeit, Fülle, Freiheit und Liebe und ist automatisch geöffnet für das vereinigte Feld.

Ein inkohärentes Herz schlägt in erratischen Rhythmen, sendet Stresssignale ans Gehirn und schaltet es in den Überlebensmodus der animalischen Welt: Polarität, Gegensätze, Wettstreit, Bedürfnisse und Mangel, also in die Kategorien der Logik. Entsprechend eng sind in diesem Modus die Wahrnehmung, unsere Denkweise, unsere Gefühlswelt und wie wir die Welt und unseren Platz darin verstehen.

Der Intelligenz-Fokus des vierten Chakras ist auf Beziehungen zu allen und allem im weitesten Sinne ausgerichtet, man kann auch sagen: Liebe. Das vierte Chakra entsteht zwischen drei und sieben Jahren. Defizite sind kaltes unsoziales Verhalten, Intoleranz und Verurteilung anderer, Isolation, Furcht vor Intimität und Narzissmus. Heilung bringt Meditation, Atemübungen, die Beschäftigung mit der Kindheit.

Inkohärente Herzfrequenz

Frust, Angst, Sorge, Ärger – beeinträchtigt die Leistung

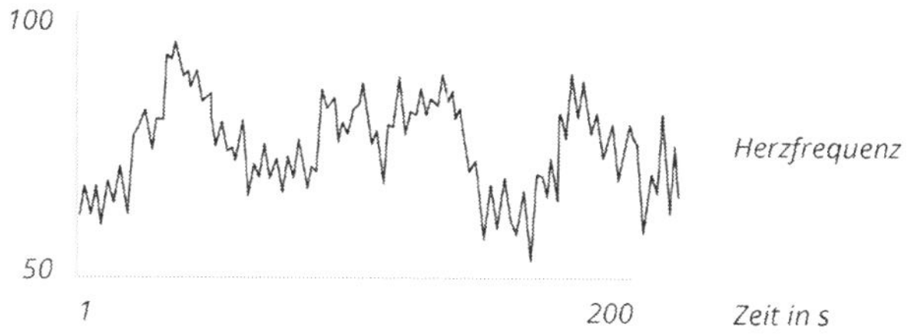

Kohärente Herzfrequenz

Positive Emotionen, Wertschätzung, Liebe, Mut – fördert eine optimale Leistung

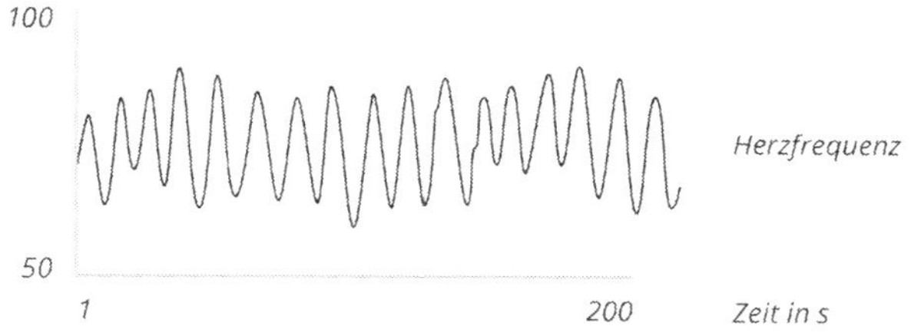

Das fünfte Chakra

Das fünfte Chakra sitzt in der Halsmitte, es steuert die Schilddrüse, die Nebenschilddrüse, die Speicheldrüsen und das Nackengewebe. Zu den damit assoziierten Hormonen zählen die Schilddrüsenhormone T3 und T4 (Thyroxin) und die chemischen Substanzen der Nebenschilddrüse, die für den Stoffwechsel des Körpers und den Kalziumspiegel zuständig sind. Dieses Zentrum steuert auch den Schilddrüsenplexus. Es wird in Verbindung gebracht mit dem Ausdruck der Liebe, die im vierten Chakra empfunden wird, sowie mit dem Aussprechen der Wahrheit und mit der Stärkung der persönlichen Realität durch Sprache und Klang.

Der Intelligenz-Fokus dieses Chakras ist auf die sprachliche und generelle Kommunikation ausgerichtet, einschließlich Telepathie und Hellhörigkeit. Ist das fünfte Chakra ausgewogen, spricht der Mensch seine derzeitige Wahrheit aus, auch seine Liebe. Man ist so mit sich und dem Leben zufrieden, dass man einfach seine Gedanken und Gefühle mitteilen muss und kann.

Das fünfte Chakra entsteht zwischen dem siebten und zwölften Lebensjahr. Defizite sind eine dünne Stimme, Sprechangst und die Unfähigkeit, Gefühle in Worte zu fassen. Heilung bringen „Reden", Singen und exzessive Schreibtätigkeit – Artikel oder gar Bücher. Es beinhaltet die Kommunikation des Bewusstseins mit der Welt.

Das sechste Chakra

Das sechste Chakra befindet sich zwischen der Hinterseite des Halses und dem Hinterkopf. Es steuert die Zirbeldrüse, eine heilige Drüse, die auch das dritte Auge genannt wird. Sie wird assoziiert mit dem Tor zu höheren Dimensionen und einer veränderten Wahrnehmung, die es uns erlaubt, hinter den Schleier zu blicken bzw. die Realität nicht-linear wahrzunehmen. Ein offenes sechstes Chakra fungiert wie eine Funkantenne, über die wir uns auf höhere, unsere fünf Sinne übersteigende Frequenzen einstellen können. Hier wird der innere „Alchemist" (Begriff nach Joe Dispenza) erweckt. Die Zirbeldrüse schüttet Hormone wie Serotonin und Melatonin aus, die für den Biorhythmus zuständig sind. Tagsüber sind wir dank des sichtbaren Lichtes wach, nachts sind wir wegen der Dunkelheit schläfrig.

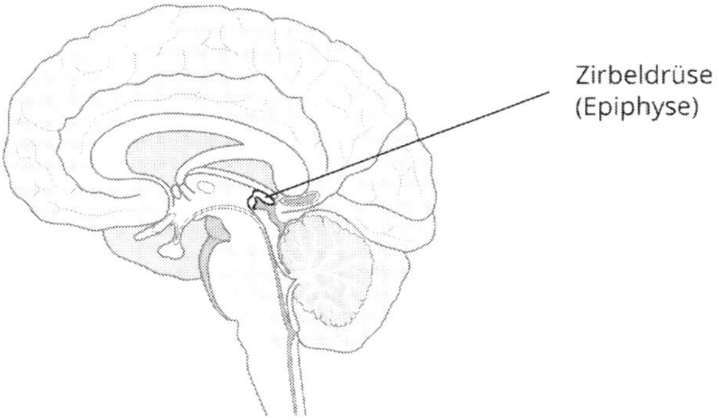

Der Intelligenz-Fokus dieses Chakras ist auf die direkte aktive und passive Kommunikation mit dem Universum ausgerichtet. Wenn die Logik in kleinen Einheiten denkt, erfolgt hier die Intuition, die Erkennung von größeren Zusammenhängen, Perspektiven und Einsichten. Die Zirbeldrüse reagiert nicht nur auf sichtbares Licht, sondern ist empfänglich für alle elektromagnetischen Frequenzen und kann entsprechende chemische Melatoninderivate produzieren, die die Sicht der Wirklichkeit verändern. Mit einer ausgewogenen Zirbeldrüse arbeitet das Gehirn klar, wir sind luzide.

Das sechste Chakra formiert sich in der Jugend. Defizite sind mangelnde Sensibilität, Unfähigkeit zur Vision und Schwächen in der Vorstellungskraft. Heilungen bringt kreative Kunst, intensive Meditation und gar Hypnose.

Das siebte Chakra

Das siebte Chakra sitzt in der Kopfmitte, zu ihm gehört die Hypophyse bzw. Hirnanhangdrüse. Sie wird auch Meisterdrüse genannt, sie steuert und erzeugt Harmonie, ausgehend von diesem Zentrum im Gehirn in einer Kaskade verlaufend zur Zirbeldrüse und dann weiter zur Schilddrüse, Thymusdrüse, den Nebennieren, der Bauchspeicheldrüse bis hinunter zu den Geschlechtsdrüsen. In diesem Chakra erleben wir den höchsten Ausdruck von Göttlichkeit. Hier hat die Göttlichkeit, unser höchstes Bewusstsein, seinen Sitz. Der Intelligenz-Fokus dieses Chakras ist auf das Sehen ausgerichtet; das klare Sehen, das Hellsehen und die Weisheit aus Konsequenz der seherischen Kraft. Es ist bei allen Menschen mehr oder minder grundgelegt, durch die Erziehung und die soziale Umgebung jedoch verschüttet. Ist dieses Chakra ausgewogen, harmonieren wir mit allem.

Das siebte Chakra formiert sich ebenfalls in der Jugend. Defizite sind spiritueller Zynismus, rigide Glaubenssätze, Teilnahmslosigkeit und Dominanz der tieferen Chakren: Materialismus, Habgier und Dominanzbedürfnis. Heilung bringt in hohem Maße Meditation und Aufbau oder Wiederherstellung spiritueller Verbindungen.

Das achte Chakra

Das achte Chakra befindet sich circa 40 Zentimeter oberhalb des Kopfes. Die Ägypter nannten es Ka. Es steht für unsere Verbindung zum Kosmos, zum Universum, zum Ganzen. Wird dieses Zentrum aktiviert, fühlen wir uns verbunden, um zu empfangen: Einsichten, Offenbarungen, kreative Informationen, die nicht auf der Basis von im Nervensystem gespeicherten Erinnerungen, sondern direkt aus dem Universum, dem Kosmos erhalten werden. Der Intelligenz-Fokus liegt hier auf dem Zugang zu den im Quantenfeld gespeicherten Informationen und dem Kanal (Channel) zu den Inspirationen, Einsichten und Anweisungen aus dem Universum. Ist dieses Chakra ausgewogen, sind wir direkt mit dem Universum, „dem Göttlichen“ verbunden. Hierauf gründet eine wichtige Säule der Mega-Intelligenz.

Verbindung der Chakren

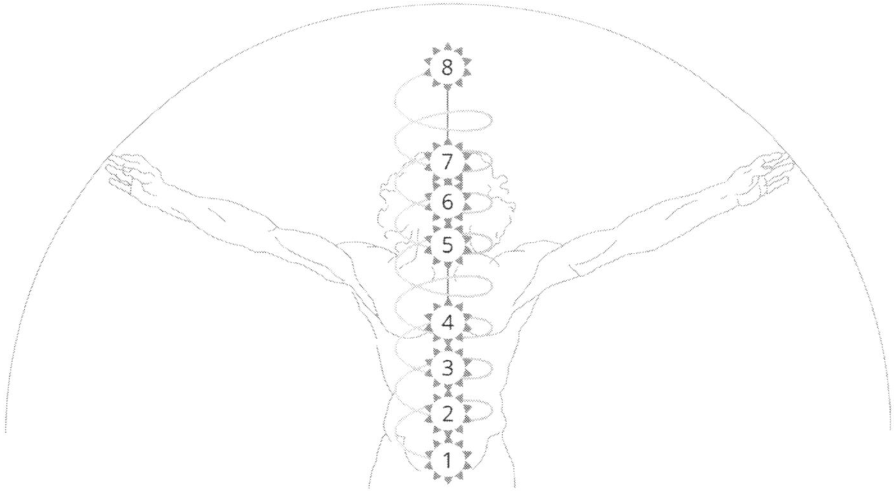

Das achte Chakra wird primär in den östlichen Kulturen „behandelt“; in der westlichen Welt wegen der Ferne zur Spiritualität nicht. Es entsteht in der späten Jugend und während des gesamten Lebens. Defizite sind der aus Logikdominanz entstandene Materialismus und Gefühlskälte sowie die weitgehende Negation der Spiritualität der westlichen Kulturen mit allen physischen und psychischen fatalen Folgen.

Eine „Pflege" und Wiedererweckung der Intelligenzleistungen der Chakren ist möglich generell durch regelmäßige Meditation und dann durch gezielte Ansprache der Chakren in der Meditation. Nach einer gewissen Zeit führt dies zu erstaunlichen und beeindruckenden Ergebnissen – auch in den Chakren sieben und acht. Wichtig ist eine regelmäßige meditative „Pflege" der einzelnen Chakren sowie ihrer Verbindung zueinander.

Gehirnaufbau

Im Gegensatz zu den auf bestimmte Körper- und Persönlichkeitsbereiche ausgerichteten Chakren umfassen die drei Gehirne den ganzen Körper den ganzen Menschen die Gesamtpersönlichkeit und – bei entsprechender Befähigung – auch Bereiche und Kategorien darüber hinaus, wie spezielle Emotionalität oder Spiritualität.

Das Gehirn ist eine Art Zeitkapsel der menschlichen Evolution und deren Archiv ist sehr lang. Vor 500 bis 300 Millionen Jahren entwickelten sich das Kleinhirn und der Hirnstamm. Es sitzt dort, wo das Rückenmark ins Gehirn eintritt. Dieser primitivste Teil unseres Gehirns macht bei Reptilien den größten Teil ihrer Hirnmasse aus und heißt deshalb auch oft „reptilisches Gehirn". Hier haben die Koordinationsfähigkeit, die unbewusste Wahrnehmung von Bewegung und Raum und die Steuerung der Bewegungen ihren Sitz. Es koordiniert Bewegungen und unterstützt fest verankerte Erinnerungen und die Verhaltensmuster. Bestimmte einfache Handlungen und Reaktionen werden durch das Kleinhirn erlernt, koordiniert und abgespeichert. Fest verschaltete innere Haltungen, emotionale Reaktionen, Gewohnheiten, konditionierte Verhaltensweisen und unbewusste Reflexe sind im Kleinhirn (Cerebellum) verankert.

Vor 150 bis 300 Millionen entstand das Mittelhirn, auch limbisches Gehirn genannt. Es ist bei Säugetieren besonders ausgeprägt. Es hat einen großen Einfluss auf unser Verhalten, weshalb es auch als „emotionales Gehirn" bezeichnet wird. Chemische Prozesse wie die automatische Kontrolle unserer Körpertemperatur, unseres Blutdrucks, der Verdauung sowie des Hormonhaushalts werden vom Mittelhirn gesteuert. Es besteht aus Thalamus, Hypothalamus, Hypophyse, Epiphyse, Hippocampus, Amygdala und den Basalganglien. Der Thalamus ist der älteste und größte Teil des Mittelhirns. Er ist die Schaltzentrale, die Signale der Sinnesorgane an die anderen Hirnbereiche weiterleitet. Dazu ist er mit allen Teilen des Körpers und des Gehirns verbunden.

Der Hypothalamus ist quasi die chemische Fabrik, weil es über chemische Botenstoffe das innere System untereinander reguliert und mit der äußeren Umgebung ins Gleichgewicht bringt. Im Zusammenhang mit dieser sogenannten Homöostase (Selbstregulierung des Körpers) unterstehen dem Hypothalamus viele lebenswichtige Körperfunktionen wie Appetit, Durst, Schlaf, Wachen, Blutzuckerspiegel, Körpertemperatur, Blutdruck, Hormonspiegel, Immunreaktionen und Stoffwechsel. Er spielt auch bei Emotionen eine wichtige Rolle. Hier werden die chemischen Stoffe hergestellt, die bewirken, dass wir uns so fühlen, wie wir gerade gedacht oder reagiert haben. Im Stressfall bereitet der Hypothalamus den Körper auf Flucht oder Angriff vor und blockiert zugleich die anderen Körperfunktionen.

Die Hypophyse (auch Hirnanhangsdrüse) schüttet chemische Stoffe aus, die Einfluss auf die Körperhormone nehmen. Sie hilft dem Hypothalamus mit der Erzeugung von Hormon- Signalen für die wichtigen Körperdrüsen wie Adrenalindrüsen, Schilddrüse und die Keimdrüsen.

Die Epiphyse sitzt im hinteren Teil des Mittelhirns über dem Kleinhirn. Sie nimmt mit chemischen Mitteln Einfluss auf den Schlaf-Wachrhythmus. Sie ist die „innere Uhr" des Gehirns. Sie schüttet bei Tageslicht Serotonin aus und bei Nacht Melatonin.

Im Hippocampus sitzt das Langzeitgedächtnis. Als „Verrechnungsstelle der Erinnerungen" sortiert der Hippocampus eingehende Informationen danach, ob sie kurzfristige oder langfristige Bedeutung haben. Er speichert die Erfahrungen in Assoziation mit Menschen, Orten, Dingen, Zeit, Geruch, Geräusch und Ereignissen. Zudem hilft der Hippocampus, uns mit Neuem bekannt zu machen.

Die Amygdala versetzt den Körper bei Gefahr in Alarmbereitschaft. Diese

Gehirnregion ist vordringlich für die Erzeugung von Angst zuständig, außerdem steuert sie vier ursprüngliche Gefühle mit hoher emotionaler Ladung: Aggression, Freude, Traurigkeit und Angst. Und sie trägt dazu bei, dass wir unsere Langzeiterinnerungen mit bestimmten emotionalen Zuständen verknüpfen. In einer lebensbedrohlichen Lage verschafft die Amygdala sich schnell einen handlungsbezogenen Überblick des äußeren Umfeldes. Sie aktiviert den Körper schon, bevor er der drohenden Gefahr bewusst geworden ist in „präkognitiver Wahrnehmung". Dieser Effekt der Umgehung des Bewusstseins des Großhirns zur sofortigen Aktion bei Gefahr hat den Menschen wahrscheinlich in der Vergangenheit das Überleben gesichert. Ist die Amygdala aktiviert, erzeugen sich auch Emotionen wie Wut und Aggression, um uns in potenziell bedrohlichen Situationen zu helfen. Nach neueren Studien soll die Amygdala mit dem Speichern emotionaler Erinnerungen und der von diesen Erinnerungen bestimmten Wahrnehmung gegenwärtiger Situationen in Zusammenhang stehen. Stark emotional aufgeladene Erfahrungen, in denen Ärger, Angst, Trauer oder Freude eine Rolle spielen, werden in der Amygdala langfristig bewahrt. Die Gehirnforschung kann dies jedoch noch nicht näher lokalisieren.

Basalganglien sind komplizierte, mit dem Großhirn (auch Neocortex) verbundene neurologische Netzwerke, die in jeder Hälfte des Mittelhirns unterhalb des Großhirns und über den tieferen Strukturen des Mittelhirns sitzen. Hier werden Gedanken und Gefühle mit körperlicher Aktivität verknüpft. Sobald eine körperliche Bewegung oder ein körperlicher Bewegungsablauf bewusst gelernt und bewusst wiederholt worden ist, übernehmen die Basalganglien gemeinsam mit dem Cerebellum die Koordination der Bewegungen. Das heißt „geniale Golfschwünge" oder Tennisaufschläge entstehen hier.

Das dritte und jüngste Gehirn ist das Großhirn, der Neocortex. Der Neocortex ist der Sitz unserer Bewusstheit. Er ist unser denkendes, vernünftiges Gehirn. Damit lernen und erinnern wir uns an alles, was wir in der äußeren Welt erfahren, um unser Handeln so verändern zu können, dass wir es das nächste Mal besser oder anders machen können. Wenn unser Gehirn aktiv sogenannte „höhere Funktionen" erfüllt – wenn wir denken, planen, lernen, uns erinnern, kreieren, analysieren, verbal kommunizieren – arbeitet unser Neocortex. Er macht rund zwei Drittel des menschlichen Gehirns aus und besteht aus einer inneren, stützenden, und einer äußeren Schicht. Um das Mittelhirn herum im inneren Teil findet man vor allem weiße Substanz, von einer fetthaltigen Myelinschicht umgebene Nervenzellen und Gliazellen, die im zentralen Nervensystem vor allem eine Bindegewebsfunktion haben. Gliazellen haben ihr eigenes, von den Nervenzellen unabhängiges Kommunikationssystem. Die äußere Schicht des Neocortex besteht aus grauer Substanz und teilt sich in zwei ähnlich große Teile, die das Mittelhirn und den Hirnstamm umschließen. Jede Hemisphäre steuert – quasi über Kreuz – die entgegengesetzte Seite des Körpers. Die beiden Hälften sind jedoch nicht vollständig voneinander getrennt: Ein dickes Band von Nervenfasern beziehungsweise weißer Substanz, das Corpus callosum (auch „Balken"), verbindet es. Dieses Verbindungsstück bildet das dickste Bündel von Nervenfasern im Körper.

Die beiden zerebralen Hemisphären sind in je vier Regionen – die „Lappen" – unterteilt: zwei Frontal- oder Stirnlappen, zwei Parietal- oder Scheitellappen, zwei Temporal- oder Schläfenlappen sowie zwei Okzipital- oder Hinterhauptlappen. Jeder dieser Bereiche ist für andere sensorische Formationen, motorische Fähigkeiten und mentale Funktionen eingerichtet und dient unterschiedlichen Aufgaben. Die zwei Frontallappen sind für willkürliches Handeln und für die Ausrichtung unserer Aufmerksamkeit zuständig und koordinieren fast alle Funktionen des restlichen Gehirns. Auch das Sprachsystem ist Teil des Frontallappens. Die Partiallappen verarbeiten alle Empfindungen, die mit Berührung und dem Tastsinn zu tun haben, sowie visuell-räumliche Aufgaben und die Körperorientierung. In den Temporallappen geht es um Geräusche, Gerüche, Lernen, Sprache und Erinnerung. Die Okzipitallappen verarbeiten visuelle Informationen.

Querschnitt durch das Gehirn

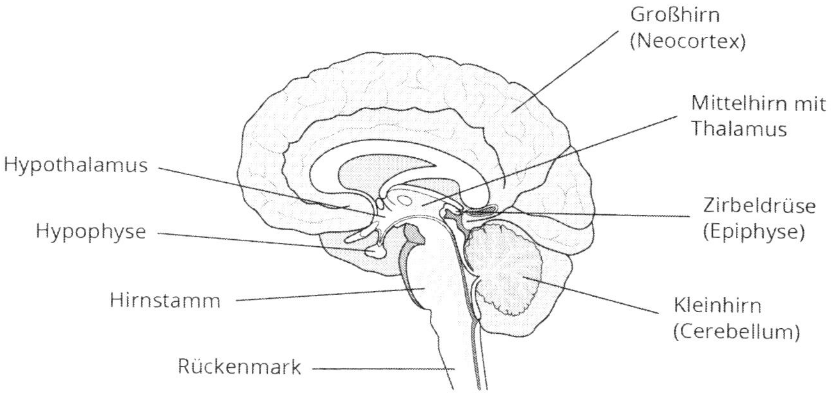

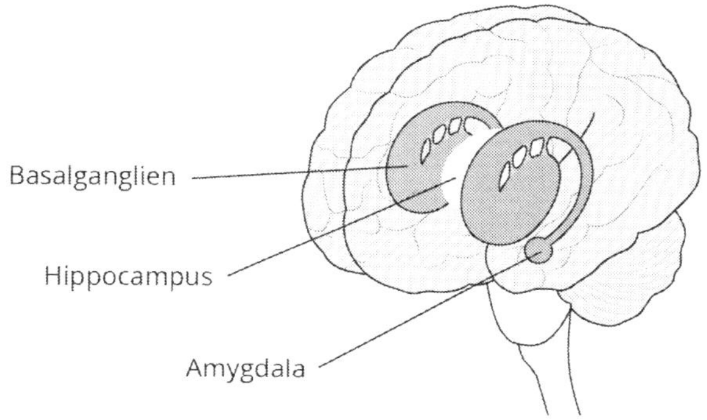

Generell haben in der linken Gehirnhälfte die kognitiven Funktionen – die Fähigkeiten zum Sprechen, zum analytischen Denken und zur Logik ihren Ort: Es stellt gewohnte, automatisierte Informations- und Verhaltensmuster zur Verfügung. Die rechte Gehirnhälfte ist darauf spezialisiert, neue Informationen zu verarbeiten. Sie ist kreativ, intuitiv und auf Neues ausgerichtet. Wenn Musik für uns neu ist, wird sie in der rechten Hälfte verarbeitet, kennen wir sie, in der linken.

Wenn die Logik allein auf die linke Gehirnhälfte und hier auf die Betaschwingungen konzentriert ist, sind die anderen vier Schwingungsbereiche im linken Bereich, der gesamte rechte Bereich das gesamte Mittelhirn und das gesamte Kleinhirn vergleichsweise undefiniert, „unbesetzt" und damit frei für andere Intelligenzen, die wir vergleichsweise nur vage oder grob überschlägig beschreiben können. Bringt man die bisher bekannten physiologisch-anatomischen Zuordnungen der unterschiedlichen Intelligenzen in einen graphischen Zusammenhang, so zeigt sich zumindest zweierlei:

Die Logik okkupiert angesichts ihrer überragenden Bedeutung in unseren sämtlichen Lebensbereichen einen verschwindend kleinen Bereich unserer insgesamt verfügbaren Intelligenzpotenziale.

Die Fülle unserer verfügbaren Intelligenzpotenziale und ihre Beanspruchung wiederum sind umgekehrt proportional zueinander. Dann stellt sich die Frage, wozu wir sie dann haben.

Unterstellt man, dass – wie die Logik – auch die anderen Intelligenzpotenziale in gleiche Weise trainiert und gesteigert werden können, eröffnen sich unermessliche Möglichkeiten.

Mega-Intelligenz umfasst den gesamten Körper
– Logik nur einen Bruchteil

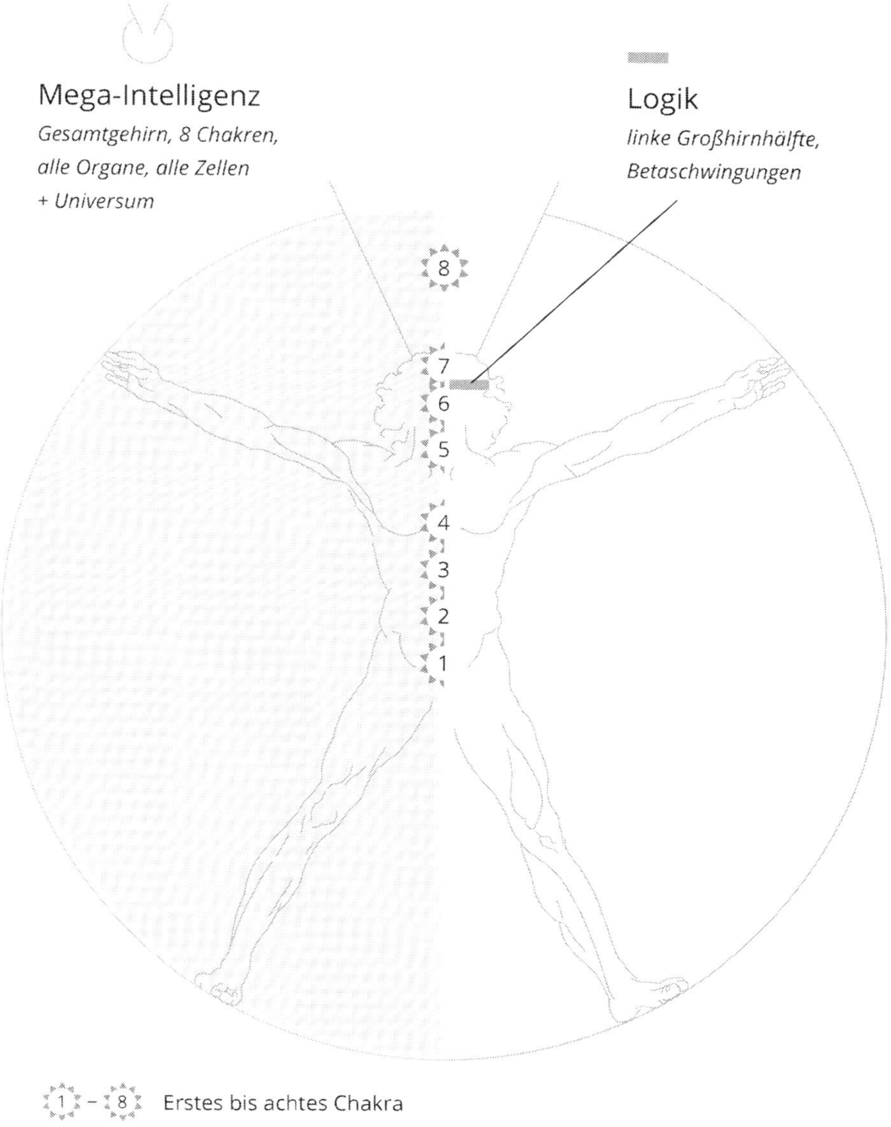

Teil II

REALISIERUNGEN DER INTELLIGENZ

Angesichts der physiologischen Koordinaten der Intelligenz sollen im Folgenden die jeweils unterschiedlichen Realisierungen ausgeführt werden.

Logik

Logisches Denken gilt gemeinhin als Königsdisziplin der Intelligenz. Von der bei weitem überwiegenden Anzahl der Menschen in der zivilisierte Welt und dem „Mainstream" wird Intelligenz synonym mit logischem Denken gesetzt. Andere Formen der Intelligenz werden nicht gesehen – oder es wird ihnen misstraut oder auf sie herabgesehen.

Wie wir im Kapitel zu den Koordinaten der Logik gesehen haben: Gegenstände des logischen Denkens sind ausschließlich Objekte, die mit den fünf Sinnen wahrgenommen werden können: Sehen, Hören, Ertasten, Riechen, Schmecken. Alles andere ist ausgeschlossen. Das Denken findet statt über Relationen zwischen wahrnehmbaren, konkreten Objekten oder Phänomenen, Materie. Alle Menschen sind sterblich. Die Griechen sind Menschen. Also sind die Griechen sterblich. Es gibt nur zwei Arten von Relationen: ja oder nein, dazu gehörig oder nicht dazu gehörig, schwarz oder weiß, gut oder böse. Diese Sichtweise der Polarität ist zu der bestimmenden Denkkategorie des von der Materie erfüllten Universums geworden. Grautöne sind im logischen Denken nicht vorgesehen. Und dabei besteht das soziale Leben der Menschen untereinander im Wesentlichen aus Grautönen.

Der Bezugsrahmen des logischen Denkens bestimmt sich danach, was in die Aussagesätze logischer Ober- oder Untersätze einbezogen ist, Objekte oder Phänomene. Ein System von Obersätzen bildet eine Theorie. Was nicht in Obersätzen erfasst ist, ist nicht Teil eines wissenschaftlichen Diskurses, ist nicht mit bezeichnenden Wörtern belegt, findet also nicht statt, gibt es quasi nicht.

Dies wirft ein bezeichnendes Licht auf den Zugang „zu neuen Dingen", auf die Kreativität, die Innovation, die heute in nahezu allen Lebensbereichen, Wirtschaft wie Technik, so dringend benötigt wird. Logik ist unkreativ – oder wie Aristoteles es sagte: Alles Neue kommt von Altem. Führende Kreativitätsforscher wie Edward de Bono haben auf diese fatale Folge des logischen Denkens hingewiesen und versucht, durch Aufbrechen der logischen Schlussmuster der Innovation auf die Sprünge zu helfen beispielsweise durch „laterales Denken" – mit mäßigem Erfolg.

Dem immer schon latent und verborgen vorhandenen Materialismus – dem Ausrichten des Lebens auf die Schaffung und Anhäufung von Materie, wurde durch die Renaissance kräftig auf die Hufe geholfen. Das Anstreben des Seelenglücks wurde nicht mehr ins Jenseits verlagert, sondern wurde im Diesseits angestrebt, im Schaffen von und Maximieren von materiellem Wohlstand. Kombiniert mit der Tatsache, dass keine belastbaren Aussagen über die Materie, die Physik, zur Verfügung standen, entwickelte sich im damaligen Abendland nach der Renaissance ein wirtschaftlicher und wissenschaftlicher Aufstieg sonders gleichen. Dies verschaffte dem Stellenwert der Logik eine immer größere Bedeutung und der darauf basierenden Wissenschaftsgläubigkeit den Rang einer neuen Religion– da auch das Christentum seiner spirituellen Korrekturfunktion immer weniger gerecht wurde.

Diese auf den Leistungen in den Naturwissenschaften basierende Logikdominanz strahlte in die Medizin und die Sozialwissenschaften aus, mit zum Teil fatalen Folgen. Die Medizin – hier Schulmedizin – wandte in der Physik bewährte Denkprinzipien auf den menschlichen Körper an: Aufteilung des Leibes in „Kleinmaschinen" wie Zähne, Hals, Nasen und Ohren, Orthopädie, Lungen, Inneres, Nerven, Psychiatrie, die einzeln diagnostiziert und in der Regel mechanisch oder chemisch therapiert werden – und das obwohl, alles mit allem verbunden ist und nahezu alle Krankheiten eine psychische Komponente oder gar Ursache haben.

Die Logikdominanz führte auch dazu, dass die anderen „Intelligenzstiefschwestern“ wie Emotionalität, Instinkt, Intuition und Spiritualität entweder völlig negiert oder im schlimmsten Fall negativ besetzt wurden.

Dieser Siegeslauf der Logik durchdrang sämtliche Lebensbereiche und Kognitionsbereiche und schaffte die 3D-Welt, die dreidimensionale Welt, die von Materie beherrscht wird in Raum und Zeit. Was nicht durch die 5 Sinne wahrgenommen werden kann, bekommt keine begriffliche Bezeichnung und existiert quasi nicht. Die Sprache wiederum bestimmt den Denkraum – mit fatalen Auswirkungen auf die Kreativität und die Innovation, denn innovative Phänomene haben vor der Erfindung noch nicht existiert.

Die Eskimos haben für den Schnee sechs verschiedene Bezeichnungen – die Buddhisten und Hinduisten haben für das Universum eine umfassend andere Sprachwelt und wir im Abendland reduzieren uns im Wesentlichen auf die durch unsere fünf Sinne wahrnehmbare Welt. Innerhalb der materiellen Welt bestimmt die Polarität die Beziehungen der Elemente – und Akteure – zueinander: ja oder nein, dabei oder nicht dabei, gut oder böse, wer nicht für mich ist, ist gegen mich. Die an sich von Grautönen beherrschte Realität bzw. das soziale Umfeld wird in die Polarität gezwängt und verliert damit ihre Vielfalt und Differenziertheit. Es ist leicht nachvollziehbar, welche Versimplifizierung, Verarmung, Verrohung und Vergröberung die wahrgenommene Welt durch die Brille der Logik erfahren hat. Darüber hinaus hat die Polarisierung des logischen Denkansatzes zu einer Polarisierung der Mentalität und Gesellschaft bewirkt – was den USA beispielsweise zu einer Rechtsanwaltsdichte von 1 Anwalt pro 235 Einwohner geführt hat.

Kleinkinder verfügen noch über die volle Bandbreite der Wahrnehmungen und Einsichten und äußern zum Teil erstaunliche spirituelle Beobachtungen, wie zum Beispiel, dass sie ihren eigenen Eltern bereits in einem früheren Leben als deren Eltern begegnet seien. Doch überall, wo der Materialismus zur bestimmenden Weltsicht geworden ist, finden wir Kleinkinder, die schon früh mit logischen Denkbausteinen vertraut gemacht und in der Kita und der Vorschule im logischen Denken geschult und in ihrer Emotionalität beschnitten werden. Japanische und südkoreanische Kleinkinder werden in 8/10-Stundenprogramme gezwängt, um sie für ausgewählte Hochleistungsschulen vorzubereiten. Die Selbstmordquote von Kleinkindern in diesen Ländern ist legendär. Legendär sind in diesem Zusammenhang auch die chinesischen „Tigermütter", die ihre Lebensaufgabe darin sehen, ihre Kinder für den sozialen Erfolg und Aufstieg zu drillen. Und dieser Aufstieg basiert auf dem Ausweis der überlegenen Kompetenz im logischen Denken.

Dieser Drill in logischem Denken und die damit verbundene emotionale Verarmung geht konsequent weiter in Oberschule/Gymnasium, dann Eliteuniversität, Doktorgraduierung und beruflicher Elitekarriere. Das Passieren von IQ-Tests, die mindestens zu 70 % aus logischen Aufgaben besteht, ist in der Regel für den Einstieg in derartige Elitekarrieren erforderlich.

In „When perfect isn't good enough" beschreiben Martin Antony und Richard Swimson die Karriere einer New Yorker Rechtsanwältin: Sie wird geboren als Tochter eines Golfprofessionals, der von seiner Turnierperformance die Familie nur mühsam ernähren kann, und daran zerbricht, dass er seinen eigenen Anforderungen nicht gerecht werden kann. Er stirbt an Krebs im Alter von 57 Jahren. Die Tochter wächst auf im unerfüllten Karrieredruck der Familie, ist regelmäßig die Klassenbeste in allen Stufen der Schulausbildung und gewinnt ein Stipendium an einer Eliteuniversität für das Jurastudium. Im Studium konkurriert sie wiederum mit den Besten aus anderen Highschools – immer um die Exzellenz in der Logikperformance – kommt auf die Deans-Liste und gewinnt eine Anstellung in einer New Yorker Spitzenlawfirm. Hier durchläuft sie die Ausbildungsränge in Rekordzeit und wird zur jüngsten Partnerin der letzten 10 Jahre und meint, nun könne sie sich darum kümmern, ein „normales Leben" zu führen: mit Freunden, einer Familie und einem kulturellen Sozialleben. Die ehemals schönen blonden Haare sind mittlerweile aschgrau, sie leidet an chronischen Magengeschwüren und Neurodermitis, Freunde zu finden und Freundschaften zu pflegen, dafür hat sie nie die Zeit gefunden – und es damit nicht gelernt. Und in einer Top-Lawfirm beginnt der Konkurrenzkampf erst richtig unter den Partnern. Das Einkommen ist zwar sehr hoch; aber mit welchen Kosten in Bezug auf „das Leben". In jungen Jahren hat sie zwar viel Geld, einen hohen Status und eine spektakuläre Penthouse-Wohnung mit Blick auf den Central Park; aber an sich ist das – nicht gelebte – Leben fast schon vorbei.

Das Narrativ des einvernehmlichen Zusammenlebens in einem Land des Materialismus oder „liberalen Kapitalismus" ist das gemeinsame Streben nach Wohlstand – hier auch „Glück" genannt. Aber der Glückseffekt wirkt nur bis zu einem Jahreseinkommen von circa 60.000 Euro, danach wird er zunehmend degressiv, wenn nicht sogar negativ. Eine Untersuchung des Glücksschicksals von Lottomillionären zeigt kein dauerhaftes Glück. Von den durch den amerikanischen Motivationscoach Toni Robbins interviewten 90 Milliardären sind nur ganze neun persönlich glücklich.

Anlässlich eines Abendessens mit Freunden am Wannsee in Berlin bei wunderschönem Sonnenuntergang über dem See ergab sich eine Diskussion über Glück, was als Glück anzusehen sei und ob man in Bezug zu dieser Definition glücklich sei. Die einhellige Antwort unserer Gesprächspartner: Man sei nicht glücklich, man sei „zufrieden". Vom Wortursprung bedeutet dies: im Frieden (nicht im Krieg) mit den eigenen materiellen Ansprüchen und Statuserwartungen – eine konsequente Anwendung des materialistischen Weltverständnisses. Bemerkenswert ist in diesem Zusammenhang, dass Glück eine primär emotionale Kategorie ist: Gefühle des Glücks zu erleben. Einem materiell orientierten Menschen ist dies wahrscheinlich gar nicht bewusst, so sehr ist man „zufrieden mit der Zufriedenheit"; Glück ist allein den Kleinkindern vorbehalten und den Ehepaaren zum Zeitpunkt der Eheschließung und in den ersten zwei bis drei Jahren der jungen Ehe. Glück zu empfinden angesichts der Schönheit der Natur, Waldspaziergänge, Sonnenauf- oder -untergänge, Glück über eine Freundschaft, über schöne Musik, beim Lesen eines guten Buches, beim Lesen eines schönen Gedichtes – die Liste ließe sich endlos fortsetzen.

Es erscheint bedenkenswert, dass in der industriellen, materialistischen Welt – Europa, USA, Japan und Ostasien, für Russland liegen keinen verlässlichen Daten vor – die Quote der an Depression erkrankten Menschen bei etwa 30 % liegt. Darüber hinaus schließlich führt der dem Materialismus inhärente Wachstumsdrang zur Zerstörung unserer Umwelt, des Planeten, unserer Lebensbasis. Welch ein Aushängeschild für den westlichen Kulturentwurf, der in seiner Konsequenz Jahr für Jahr immer deutlicher wird.

Und dabei liegen Abhilfe und Alternativen so nahe: Es bedarf nur einer Abkehr von der alleinigen Fixierung auf die in den Beta-Gehirnwellen fixierte Logik als alleinige Quelle der Intelligenz und es eröffnet sich eine reiche Welt von Wahrnehmungen, Empfindungen, Erkenntnissen, Gefühlen und Einsichten. Die Welt der Emotionen, Gefühle, Intuitionen, Instinkte, Eingebungen und Vorahnungen. Nun war die Kenntnis hiervon immer am Rande vorhanden, sie hat jedoch nie eine größere Bedeutung gewonnen, geschweige denn durchgesetzt.

Wie konnte das passieren? Vermutlich sind herfür in wesentlichen zwei Gründe entscheidend: die Gründlichkeit der Logik-Gehirnwäsche und die Geschlossenheit unseres die Logik konstitutiv enthaltenden Weltbildes. (Siehe hierzu auch ausführlicher: Intelligenz jenseits der Logik – die anderen 80 Prozent vom gleichen Verfasser, Berlin 2021, S. 28 ff.)

Die Logik-Gehirnwäsche beginnt, wie bereits geschildert in frühester Kindheit im Elternhaus in der Vorschule, im Kindergarten, wo logische Denkelemente und Denkschritte eingeübt werden. Dann weiter in Grundschule, wo bereits die Fähigkeit zum logischen Denken und die Unterdrückung allzu vieler Emotionen Grundlage zum Weiterkommen ist. Dies wird ausgeprägter im Gymnasium, wo neben der Diskreditierung der Emotionalität eine Grundeinweisung in die von newtonscher Logik beherrschten Naturwissenschaften erfolgt. Die Beherrschung der logischen Denkdisziplin ist hier das entscheidende Kriterium für den weiten Aufstieg in die Universität, die Kathedrale der Logik. Anlässlich eines Vortrages auf einer Jahrestagung der Mensa, der Vereinigung der logisch Hochbegabten mit einem IQ von 135, teilt mir ein Professor einer Münchner Eliteuniversität mit, er würde seinen Status im Kreise seiner Mitprofessoren verlieren, sobald er den Ausschließlichkeitsstellenwert der Logik hinterfrage. Er würde Anmerkungen oder gar Kritik diesbezüglich nur in Gedichtform von sich geben, diese Form der Meinungsäußerung sei ihm gestattet. Oder die Aussage eines Chefchirurgen einer Schweizer Eliteklinik auf die Frage nach Intelligenz jenseits der Logik: „Wieso, ist das kein Widerspruch in sich?!"

Die Peerpressure innerhalb der auf Logikkompetenz basierten intellektuellen Elite ist erheblich und nachhaltig.

Kein Bruch mit der Logik?

Unser Weltbild enthält die Summe unserer Ausbildungen und Erfahrungen, Gewissheiten und Überzeugungen. Es gibt uns das Gefühl von Sicherheit und auch Geborgenheit, mit dem wir die Welt betrachten. Und dieses Gefühl gibt niemand gerne her und wehrt sich vehement dagegen, dies zu hinterfragen.

Es ist wie ein warmer emotionaler Kokon, der einen umgibt. Die Quantenphysik ist vor 120 Jahren von Max Planck entdeckt worden und hat der Königsdisziplin der Logik, der Physik, den Boden entzogen. Sie hat es aber über zaghafte Einzelentwicklungen nicht geschafft, in das breite Bewusstsein einzudringen.

Wie ein Physikprofessor der Eidgenössischen Technischen Hochschule Zürich es auf den Punkt brachte: „Jetzt haben wir die Quantenphysik seit weit über 100 Jahren, und wir nudeln immer noch auf dem alten Newton herum."

Oder ein befreundeter habilitierter Diplomingenieur und Diplomchemiker, konfrontiert mit den Argumenten der Intelligenz jenseits der Logik: „Ich höre und verstehe die Argumente – ich kann aber mein Weltbild nicht einfach ändern, und ich möchte es auch nicht."

Oder eine andere Argumentation einer Kommunikationswissenschaftlerin: „Das logikbasierte Weltbild ist klar definiert, in sich geschlossen und konsistent Es gibt mir klare Orientierung und Sicherheit. Wenn ich es öffne, weiß ich nicht, was passiert und was mit mir passiert – ich habe auch Angst davor. Deshalb möchte ich es nicht verlassen, obwohl ich ahne, dass es ein Käfig ist."

Darüber hinaus stellt es der Wissenschaftsheoretiker Thomas Kuhn in „The Structure of Scientific Revolutions" in den übergreifenden Zusammenhang: „Jede Wissenschaft hat zu jeder Zeit eine bestimmte, selbst nicht weiter problematisierte Grundansicht, die Paradigmen. Ohne Paradigmen wäre Wissenschaft gar nicht möglich, weil sie Orientierungsideale darstellen, auf deren Folie einen Phänomenbereich geordnet wird. Die Ausbildung und Akzeptanz eines bestimmten Paradigmas führt zur „normalen Wissenschaft" unter deren Dach die Frage entfällt, warum die Welt so gesehen wird, wie sie eben in dem Moment gesehen wird – weil alle Fachkollegen diese Weltsicht akzeptiert haben.

In diesem Falle handelt es sich allerdings nicht um eine einzelne Wissenschaft, sondern um den alle Wissenschaften zentral betreffenden Intelligenzbegriff und den darauf basierenden Kultur- und Zivilisationsentwurf – mit allen Konsequenzen bezüglich unseres materiell geprägten Lebensziels und Lebensglücks, unserer durch die logikinduzierte Schulmedizin beeinflussten oder gar determinierten Gesundheit und Lebensdauer, die Kultur unseres Lebens miteinander, persönlich als auch staatlich, und unseren Umgang mit der Natur und mit dem uns anvertrauten Planeten.

Die Kritik am derzeitig nach wie vor vorherrschenden Wissenschafts-Paradigma hat Rupert Sheldrake in „Der Wissenschaftswahn" in zehn zentralen Glaubenssätzen zusammengefasst:

- Alles ist mechanischer Natur. Hunde zum Beispiel sind nicht lebende Organismen mit ihren ganz eigenen Zielsetzungen, sondern komplexe Mechanismen. Auch Menschen sind Maschinen, in Richard Dawkins´ lebendiger Ausdrucksweise sogar „schwerfällige Roboter".
  Ihre Gehirne sind wie genetisch programmierte Computer.
- Materie besitzt grundsätzlich kein Bewusstsein. Sie hat keine Innerlichkeit, keine Subjektivität, keine „Ansichten". Auch menschliches Bewusstsein ist pure Täuschung, vorgespiegelt vom stofflichen Geschehen im Gehirn.
- Die Gesamtheit von Materie und Energie ist immer gleich.
  (Der Urknall, mit dem alle Materie und Energie urplötzlich erschien, ist die einzige Ausnahme).
- Die Naturgesetze stehen ein für alle Mal fest. Sie sind heute so, wie sie von Anfang an waren und für immer sein werden.
- Die Natur kennt keine Absichten, Evolution ist ohne Richtung und Ziel.
- Biologische Vererbung ist ausschließlich materieller Natur, vermittelt über das genetische Material, die DNA, und andere materielle Strukturen.
- Der Geist, unser Denken und Fühlen, sitzt im Kopf und ist nichts als Gehirntätigkeit. Wenn wir einen Baum betrachten, ist das Bild, das wir sehen, nicht da draußen, wo es zu sein scheint, sondern innen, im Gehirn.
- Erinnerungen sind als materielle Spuren im Gehirn gespeichert und werden beim Tod gelöscht.
- Unerklärliche Phänomene wie Telepathie sind reine Einbildung.
- Mechanistische Medizin ist die einzig wirksame Medizin.

In der logisch dominierten Welt ist alles auf die Materie ausgerichtet. Was nicht mit den fünf Sinnen wahrgenommen werden kann, und nicht den ehernen Gesetzen der Physik folgt, gibt es nicht. Die Humanwissenschaften wie Medizin, Psychologie und Soziologie folgen diesen selben Denkprinzipien. Glück ist eine kardinal messbare Kategorie als Zahl der aufgehäuften materiellen Güter und verkommt zur Zufriedenheit. Materiell nicht unterlegte positive Emotionen – physisch feststellbar – werden als Einbildungen, Illusionen oder gar als Halluzinationen abgetan. Krankheiten werden durch physische oder chemische/ biologische Intervention kuriert. Objektiv wahrnehmbare Phänomene, die diesen Anforderungen nicht entsprechen werden als gezielte Fälschungen oder Einbildungen abgetan oder einfach negiert. Alles eine Folge von massiven Wahrnehmungsdefiziten eigener und fremder Emotionalität sowie bei der gezielten Anwendung emotionaler „Instrumente".

Dieser Geborgenheitseffekt der Logik führt nun dazu, dass Falsifikatoren – empirische Phänomene, die diesem Weltbild widersprechen – schlichtweg ausgeblendet werden, negiert werden, einfach nicht wahrgenommen werden – alles, um die gesicherte „warme" Position nicht zu gefährden. Ein prominentes Beispiel ist die Entdeckung der Quantenphysik um 1900 durch Max Planck, die sich 123 Jahre später immer noch schwertut sich durchzusetzen.

Dem IQ (Intelligenzquotient), der derzeit zu circa 70 % aus Logik besteht und zu 30 % aus Sprachintelligenz, kommt derzeit immer noch eine entscheidende Bedeutung bei der Vergabe von Führungspositionen zu; und das, obwohl bekannt ist, dass der Lebenserfolg nur zu circa 20 % auf Logikfähigkeiten basiert und zu circa 80 % auf anderen Fähigkeiten.

Meditation: Öffnung der Intelligenz – für eine neue Aufklärung

Die zweifelsohne vorhandenen Erfolge der Logik in Naturwissenschaften und teilweise auch in der Medizin haben allerdings zu einer Ausschließlichkeit und einer Allmachtsanmaßung der Logikpropheten in nahezu allen Lebensbereichen geführt: vorherrschender Materialismus, Schulmedizin, mechanisierte Land- und Forstwirtschaft. Dies wiederum führte zu einer einseitigen Konzentration der Denkdisziplinen auf die Logik und damit die linke Hälfte des Großhirns – und damit die Negierung aller anderen Intelligenzhebel einschließlich der Instinkte.

Ein Königsweg zur Öffnung dieser zwanghaften Begrenzung auf die Beta-Wellen ist die Meditation. Obwohl die Meditation an sich keine Form der Intelligenz ist, hat sie in ihrer Funktion als Türöffner eine derart zentrale Bedeutung, dass sie hier erörtert werden muss. Sie lockert den Knebel der Logik und eröffnet den freien Zugang zu allen Potenzialen: Instinkte, Emotionale und Körper-Intelligenz und Spiritualität mit allen ihren Schattierungen.

Ihren Ursprung hat die Meditation in den ostasiatischen Hochkulturen in der Religion der Upanischaden. Diese im Sanskrit um 800 v.Chr. verfassten Schriften sprechen vom ewigen „Atman" (Selbst) im Menschen und dem göttlichen „Brahman" die zur Vereinigung kommen müssen, wenn der Mensch frei werden will.

Hinduismus und Buddhismus haben die Meditation hinsichtlich Technik, Stufen und religiösen Inhalten umfänglich weiterentwickelt, sodass man heute von einer Meditationskultur und -philosophie in verschiedenen Denkschulen sprechen kann.

In größerem Stil kam die Mediation um 1965 in die westliche Welt, primär durch Maharishi Yogi, der mit der „Transzendentalen Meditation" (TM) eine mantrabasierte Meditation lehrte. Mit dem Mantra – einem sinnlosen Wort bzw. Ton – wird das betawellenbasierte Denken oder „Geplapper" des Gehirns abgeblockt und das nichtdenkende Gehirn in eine Tiefenentspannung geführt, tiefer als der Tiefschlaf.

Ich persönlich lernte die TM-Meditation 1979 in einem Maharishi Yogi Zentrum in Düsseldorf kennen, als ich als Unternehmensberater unter einem Burnout litt. Es war mir von einem Freund empfohlen worden, ich ging an einem Freitag später Nachmittag hin, zahlte 400,- DM, wurde ausführlich eingewiesen, bekam in einer Zeremonie ein Mantra „verliehen" und eine klare Anweisung, wie ich mich in die Methodik einarbeiten sollte. Ich ging nach Hause, legt mich aufs Bett, entspannte mich, nahm das Mantra und wachte in der Nacht zu folgenden Montag wieder auf. Ich „schlief" also durch: von Freitagabend bis Montagmorgen. Ich war nach dem Mantra in ein tiefes Entspannungsloch gefallen und hatte mich gründlich erholt. In der folgenden Zeit meditierte ich regelmäßig – während der Flugreisen mit sehr guten Ergebnissen.

Neben der Tiefenentspannung führt die Meditation zu einer massiven Zunahme der Achtsamkeit und Sensibilität gegenüber Mitmenschen, der sozialen Kompetenz, die unter dem Einfluss der Herrschaft der Logik regelmäßig leidet. Das Wahrnehmungsvermögen aller Sinne wird erheblich gesteigert, worauf später bei Körpersprache, beim Gedankenlesen, der Tierkommunikation und der Vorsehung noch näher eingegangen wird. Durch die Befreiung der Instinkte und der Körperintelligenz hat die Meditation erheblichen positiven Effekt auf ein breites Spektrum von Krankheiten, wie Herz-Kreislauferkrankungen, Diabetes bis zu Krebserkrankungen.

Bei massenhafter Meditation in kritischer Masse – Maharishi-Effekt – entsteht ein energetischer Welleneffekt auf das Bewusstsein der Menschen in der Umgebung. Auch Nicht-Meditierende werden durch die Auswirkungen der Gruppenmeditation beeinflusst. Effekte, die in den Studien durch die Gruppenmeditation gemessen werden können, sind ein Rückgang von Kriminalität, Unfällen, gewalttätigen Aktivitäten oder Krankheit. Positive Trends zeigten sich in Gesellschaft, Wirtschaft – sinkende Inflation und Arbeitslosigkeit – und Politik. Für einen globalen Maharishi-Effekt sind mindestens 8.000 Personen an einem Ort notwendig.

Meditation ist keine Hypnose oder Autosuggestion. Sie führt den Menschen durch eine tiefe Entspannung zu sich selbst. Diese Entspannung findet in vier Stufen statt:

- Entspannung des Körpers – durch beispielsweise autogenes Training
- Entspannung des Atems durch eine bewusste ruhige Zwerchfellatmung
- Entspannung der Sinne durch Abschalten der Wahrnehmung
- Entspannung des Bewusstseins durch völlige ruhige Konzentration auf sich selbst

Vorbereitet wird die Meditation durch das regelmäßige Aufsuchen eines ruhigen ungestörten Ortes in guter frischer Luft etwa drei bis vier Stunden nach einem Essen, ohne Alkohol.

Meditieren lässt sich primär im Sitzen auf einem festen Stuhl in gerader aufrechter Sitzposition mit gerader Wirbelsäule, um den Durchfluss durch die Chakren zu erlauben. Die Position im sogenannten Lotussitz ist nicht zwingend. Möglich ist Meditation auch im Liegen – führt aber oft zum Einschlafen und ist unteroptimal für die Wirbelsäule. Entscheidend ist völlige Ruhe, Geräuschlosigkeit und In-sich-Gekehrtheit.

Zahlreiche Meditationslehrer empfehlen die Wahl eines Mantras, eines sinnlosen Worts oder Tons, auch ein schönes, beruhigendes Bild zur Konzentration des Bewusstseins zur Beendigung des „Affentheaters" der Gedanken.

Das Mantra bekommt später in der spirituellen Intelligenz noch eine weitergehende Bedeutung.

Mantren werden idealerweise von erfahrenen Meditationslehrern in Berücksichtigung der Persönlichkeit des „Schülers" und seiner spezifischen Situation „verliehen". Da dieser Idealfall in den seltensten Fällen gegeben ist, schlägt der gekannte Yogi Swami Rama als Passepartout vor, das Mantra „so hum" zu verwenden, „so" beim Einatmen und „hum" beim Ausatmen.

Das regelmäßige Verwenden eines Mantras „programmiert" quasi das Unterbewusstsein auf die anstehende Entspannung:

- Zählen rückwärts von 10 bis 1 ggfs. zweimal und Spüren der zunehmenden Entspannung
- Empfinden, wie man in seinen Körper hineinsinkt, tiefer und tiefer
- Empfinden wie sich der Körper ausdehnt und evtl. Schmerzen aus den Gliedern weichen
- Evtl. Lenkung der Entspannung auf bestimmte Körperteile, die der Heilung bedürfen und spüren, wie sich der Körper des Problems annimmt.
- Aufgabe von Raum und Zeit
- Auflösung des „Ichs"
- Idealerweise: Versenkung in eine Verbundenheit mit dem Universum – Schwimmen in einem unendlichen Meer von Licht
- Am Ende der Meditation: Vorwärtszählen von 1 bis 10 eventuell zweimal, um wieder zu klarem Bewusstsein zu kommen

Unmittelbar führt die Meditation zu „bliss" einer glücklichen Gelassenheit, einer Verbundenheit mit der Umgebung im weitesten Sinne und einer tiefen Dankbarkeit für die eigene Existenz.

Bekanntermaßen aktiviert Meditation das körpereigene Immunsystem und hilft bei Krankheiten jeder Art bis hin zu schweren Krebserkrankungen. Dies gilt generell, darüber hinaus ermöglicht das gezielte Lenken der meditativen Aufmerksamkeit auf erkrankte oder betroffene Körperteile eine fokussierte Heilung. Umfassende Studien über die Heilwirkung der Meditation berichten von einer um 80 % reduzierten Anfälligkeit von Meditierenden in Bezug auf ein breites Spektrum von insbesondere schweren Tumorerkrankungen.

Ähnlich wie bei den oben dargestellten Massenmeditationseffekten führt eine regelmäßige Tiefenmeditation zu einer grundlegenden Veränderung des individuellen Bewusstseins, der Wertvorstellungen. Die materialistische Grundausrichtung verändert sich zusammen mit der Steigerung der Empathie in Richtung auf eine grundsätzlich positive Einstellung den Mitmenschen gegenüber, der Zuneigung. So antwortet der Abt eines tibetanischen Mönchsklosters auf die Frage „Was hält die Welt zusammen?" ganz einfach „Compassion", Mitgefühl, Zuneigung.

Verbunden mit dieser Zuneigung ist das Bedürfnis, den Mitmenschen zu helfen, besonders wenn sie in Not sind oder anders bedürftig.

Regelmäßige Meditation bewirkt darüber hinaus ein Gefühl der Verantwortung für unsere Lebensgrundlagen die Natur das Klima unseres Planeten. Meditation bringt den Menschen geradezu zurück zu seinem Ursprung, frei von zivilisatorischen und kulturellen Verformungen und Konditionierungen – und es ist der Einstieg in das im späteren Abschnitt „Spirituelle Intelligenz" dargelegte schier unbegrenzte Potenzial menschlicher Intelligenz.

Entscheidend ist die nachhaltige Öffnung des Zangengriffs der Logik. Und diese Öffnung betrifft den weit überwiegenden Teil der drei Gehirne, die Chakren, die Organe, Zellverbunde und letztlich den gesamten Körper, denn alle Zellen sind intelligent.

Körperintelligenz

Das Immunsystem ist eine Weiterentwicklung der autonomen Körperintelligenz in Form eines den gesamten Körper umfassenden Zell-, Organ- und Systemverbundes zur Aufrechterhaltung der Gesundheit des Körpers und der Abwehr von Krankheitsangriffen. Ohne „steuernde" oder sonstige Beeinflussung von außen nimmt das Immunsystem gemeinhin seine Funktionen aktiv wahr. Eine im Beta-System verhaftete mechanistische Schulmedizin tendiert hingegen dazu, durch aktive Medikamentierung mit den entsprechenden Nebenwirkungen das Immunsystem in seiner Funktionsweise zu stören.

Zudem ist in wiederholten Studien darauf hingewiesen worden, dass der zweifellose Heileffekt von schulmedizinischen Interventionen, seien es Medikamentierung oder auch chirurgische Eingriffe, zu circa 80 % auf sogenannten Placeboeffekten beruhen: Nicht die direkte medizinische Intervention bewirkt die Gesundung, sondern der Glaube des Patienten an den Erfolg – faktisch hat das eigene Immunsystem das Ergebnis herbeigeführt. Behandlungen von Kontrollgruppen mit Fake-Medikamenten oder sogar schein-chirurgische Eingriffe hatten die gleichen Heileffekte wie die „echten Behandlungen". Das heißt, die Illusion einer ärztlichen Behandlung war in gleichem Maße erfolgreich. Geheilt hatte ich der Körper selbst unter einer mentalen Beeinflussung beziehungsweise das Immunsystem unter entsprechender Initiierung. Das Gleiche gilt übrigens im umgekehrten Fall: Diagnostiziert eine ärztliche Autoritätsperson eine Krankheit und der Patient glaubt daran – auch wenn diese faktisch nicht besteht, dann wird der Patient krank (Noceboeffekt). Das Gleiche gilt im Todesfall: Verkündet der Arzt, der Patient habe nur noch eine Woche zu leben – dann stirbt dieser in der Regel nach circa 7 Tagen. Die in Medizinerkreisen populäre Diagnose der Unheilbarkeit eines Patienten erscheint unter diesen Gesichtspunkten in ganz besonderem Licht. Das heißt, im Umkehrschluss, das Immunsystem ist in hohem Maße beeinflussbar, wenn es „richtig behandelt" wird.

Eine „Missachtung", medikamentöse Überlagerung oder einfach „Behinderung" tun ihm sicherlich nicht gut.

Das Immunsystem als Teil des autonomen Nervensystems wird außerhalb der Beta-Schwingungen aktiv. Meditation hat eine stark heilende Wirkung, die Selbstheilung. In diesem Zusammenhang sei hingewiesen auf eine offenbar geläuterte pharmazeutische Industrie: In der Zeitschrift „Der Stern" vom 20.2.2020 schaltet Bristol-Myers Squibb folgende Cover-Annonce: „Krebsbekämpfung ist Teamwork. Das Immunsystem des Patienten, ihre Familien, Freunde, Ärzte und die Forschung sind eine kraftvolle Waffe im Kampf gegen Krebs. Das Immunsystem und die Aufgehobenheit in einem starken, warmen Sozialsystem stehen bei der Therapie an erster Stelle – vor den Ärzten und der Forschung."

Sogar im Falle von massiven Verletzungen und Erkrankungen wie Tumoren oder Ähnlichem ist das körpereigene Heilungssystem in der Lage zu helfen. Das Zellnetzwerk des Körpers verfügt offenbar über Blaupausen zur vollständigen Regeneration und Wiederherstellung des Gesundheitszustandes. Anhand von zwei praktischen Beispielen sei die Selbstheilung durch das eigene Immunsystem geschildert. In „The Journey" schildert Brandon Bays ihre Krankheits- und Selbstgesundungsgeschichte: „Eines Morgens im Sommer 1992 wachte ich auf und musste zur Kenntnis nehmen, dass mein Bauch in den letzten Monaten stark an Volumen zugenommen hatte. Und das, obwohl ich die letzten zwölf Jahre extrem gesund gelebt hatte: Ich lebte vegetarisch, trank gezielt gefiltertes Wasser, machte jeden Morgen Gymnastik und lebte an der kalifornischen Küste in Malibu an der frischen Seeluft. Ich hatte es bisher nicht nötig gehabt, zu einem normalen Arzt zu gehen. Und nun das. Nach einer ausgiebigen Untersuchung diagnostizierte meine Ärztin einen Tumor in der Größe eines Basketballs. Es gab keinen Zweifel und die einzige Therapie war ein sofortiger chirurgischer Eingriff. Massive interne Blutungen verstärkten noch die Dringlichkeit."

Brandon entschloss sich, ihren inneren Überzeugungen zu folgen und die Heilung der Intelligenz ihres Körpers zu überlassen. Mit einer gezielten Meditation stoppte sie die innere Blutung, stellt ihre Ernährung von 65 bis

70 Prozent auf 100 Prozent auf „life food“, frische Säfte und Kräuter um, unterzog sich einer Darmreinigung und organisierte regelmäßige Massagen. Sie versetzte sich mental ins Innere des Tumors und fand eine Traumatisierung aus ihrer Kindheit. In einer weiteren Meditation konfrontierte sie sich mit den traumatisierenden Erlebnissen und vergab den Verursachern. Dies alles band sie in eine Reihe von mehreren Meditationen pro Tag ein, Meditationen, die sich gezielt auf den Tumor konzentrierten. Zwischenzeitliche Besuche beim Arzt zeigten erhebliche Verkleinerungen des Tumors und erhebliche Verbesserungen ihrer Blutwerte. Nach circa sechs Wochen war sie geheilt – der Tumor war verschwunden. „In fact, I did not heal myself – the infinite intelligence did all the healing. I just got the incredible blessing of being allowed to participate in the experience.“ Die Erfahrung ihrer persönlichen Heilung war für Brandon Bays der Anstoß, weltweit Vorträge darüber zu halten und ihre Heilmethode zu lehren.

Um einen Heilungsprozess auch bei erst latent vorhandenen Krankheiten zu induzieren, empfiehlt sie eine „Körperreise“.

„Man besteigt ein magisches Raumschiff, das einen sicher in jeden Teil der Körpers bringt, das Heilung braucht. Dieses Raumschiff kann überallhin fliegen – in Organe, Venen, Arterien, Gewebe, Blut, Knochen und so weiter – und kann jeden Teil des Körpers erreichen. Sobald es angekommen ist, nimmt man große Taschenlampen und schaut sich um – und sieht dann die Erkrankung. Die anschließende Konzentration auf die Erkrankung hilft, die in den Zellen gespeicherten Erinnerungen aufzudecken. Diese Erinnerungen werden als Szene auf eine große Filmleinwand projiziert und von Anfang bis Ende abgespielt. Sie gehen voll emotional noch einmal auf die auf der Leinwand stattfindende Szene, um sie nachzuerleben und aufzulösen: mit einem positiven Ergebnis für alle Beteiligten. Diesen Auflösungsprozess sollten sie meditativ mehrere Male wiederholen sofern erforderlich. Damit ist der Heilungsprozess eingeleitet.“

Ein weiterer Fall: In seinem Buch „Du bist das Placebo" schildert Joe Dispenza seine eigene gleichgelagerte Heilung. Als 23-Jähriger nahm er an einem Triathlon in Südkalifornien teil und wird beim Radrennen von einem Bronco-Geländewagen mit einer Geschwindigkeit von 90 km/h gerammt, in die Luft und auf den Asphalt geschleudert. Sechs Wirbel sind gebrochen und die Splitter graben sich ins Rückenmark. Die Befunde im Krankenhaus legen eine umfangreiche Rückenoperation mit Stahlstabimplantation nahe – gefolgt von lebenslangen chronischen Schmerzen und dauerhafter starker Behinderung im Rollstuhl. Die Alternative zum Rollstuhl ist die Lähmung. Dispenza steht vor der Wahl, entweder der Schulmedizin mit einer umfassenden prothetischen Operation mit lebenslanger Teilbehinderung zu folgen – und der Perspektive wahrscheinlich nie wieder laufen zu können; oder auf seine Selbstheilungskräfte zu vertrauen, von der er vorher bestenfalls intellektuell erfahren hat.

Er entscheidet sich für Letzteres und unterwirft sich einem selbsterstellten Heilungsplan aus Selbsthypnose und der Visualisierung einer komplett geheilten Wirbelsäule, Konzentrationsmeditation, reduzierter Rohkost und Energiezufuhr durch kohärente Schwingungen durch Handauflegen auf die verletzten Körperteile. Nach sechs Wochen macht er Schwimmgymnastik und leichte Yogaübungen. Nach neun Wochen ist er im Wesentlichen wiederhergestellt – durch die Selbstheilungskräfte seines Körpers.

Auf der Grundlage dieser Erlebnisse beginnt Joe Dispenza die erfolgreiche Organisation einer weltweiten Serie von Vorträgen zur Weitergabe und Verbreitung seiner Erfahrungen im Rahmen eines umfassenden Gesamtkonzeptes zum Thema „Werde übernatürlich" im Wesentlichen durch Verbindung mit dem Universum. In den Advanced Seminaren von Dispenza wird die oben dargestellte Methode der Meditations- und Energieübertragungsheilung im großen Stil angewandt: Pro Seminar werden in zwei oder drei Sitzungen jeweils 120 Healees, zu Heilende, von 1.000 Healers, Heilern, in einer großen gemeinsamen Meditationssitzung mit Heilungsenergie „behandelt". Die Ergebnisse werden von Ärzten in einer Datenbank erfasst.

Neben diesen Beispielen der physischen Heilung durch Lockerung des Klammergriffes der Verspannungen, des Egos und der Willenskraft gibt es Ähnliches für psychische Beschwerden. Es ist eine Technik des konzentrierten Atmens: Das Holotrope Atmen, entwickelt in den 70er Jahren des vergangenen Jahrhunderts in Big Sur, Kalifornien.

Man legt sich rückwärts auf eine Matte, entspannt sich, schließt die Augen und beginnt schnell und tief zu atmen ohne Pausen zwischen Ein- und Ausatmung. Nach wenigen Minuten fördert dieser Prozess unterdrückte Emotionen, Spannungen, Ängste zutage – je länger, desto weiter zurückliegend und desto schwerwiegender. Auf diese Weise lassen sich unter anderem Depressionen, posttraumatische Belastungsstörungen, Angstneurosen „an die Oberfläche befördern" – allein durch Auflösung der Blockaden, damit Körper und Seele wieder ins Gleichgewicht und in Harmonie kommen können, was sie von sich aus anstreben, durch uns aber daran gehindert wird.

Emotionalität

Daniel Goleman hatte 1995 auch deshalb einen derartig überwältigenden Erfolg, weil das System der Logikdominanz an seine natürlichen Grenzen gestoßen war. Die Wahrnehmungs- und Erkenntnisgrenzen der Logik wurden zunehmend offenkundiger; Edward de Bono hatte schon vorher mit seinem „Lateralen Denken" die Kreativitätsschwächen der Logik aufzubrechen versucht; die Entscheidungstheorie erwies sich als unproduktive Tautologie, der Intelligenzquotient IQ offenbarte seine Schwächen bei Auswahl von Führungspersonal und die der Logikdominanz folgende Gefühlsarmut im wirtschaftlichen und sozialen Zusammenleben demonstrierte ihre fatalen Folgen bezüglich physischer und psychischer Krankheitsquoten und eklatante Unproduktivitäten durch „innere Kündigungen".

Beginnen wir also mit der Emotionalen Intelligenz. Es ist alles ganz einfach: Wir müssen nur den in der linken Großhirnhälfte in Beta-Schwingungen befindlichen Käfig verlassen, und schon eröffnet sich ein schier grenzenloses, wunderschönes Universum „anderer" Intelligenz. Emotionen sind die chemischen Konsequenzen früherer Erfahrungen. Gefühle sind die kurzfristigen, konkreten Ausprägungen wie Angst, Wut, Hass, Neid, Trauer. Emotionen sind ein den gesamten Körper umfassendes Intelligenzsystem. Emotionen können das Gehirn blitzartig highjacken, sämtliche Bereiche elektro-energetisch fluten und vollständig in Beschlag nehmen. Alle noch so intelligenten Ideen und logische Schlussfolgerungen sind dann wie weggewischt.

Folgende Anekdote aus dem Werk Dr. Joe Dispenzas: Im Jahre 1981 stiegen acht ältere Männer in ein paar alte Autos und fuhren in ein Kloster in Petersborough, New Hampshire, zwei Stunden nördlich von Boston. Sie wollten an einem fünftägigen Retreat teilnehmen und so tun, als wenn sie tatsächlich wieder jung wären – oder zumindest 22 Jahre jünger, als sie zu dem Zeitpunkt waren. Das Retreat wurde von einem Forschungsteam der Harvard Universität unter der Leitung der Psychologin Ellen Langer organisiert. Eine weitere Gruppe von acht älteren Männern sollt eine Woche danach an denselben Ort kommen. Diese zweite Gruppe fungierte als Kontrollgruppe und sollte zwar auch aktiv in Erinnerungen an die Zeit vor 22 Jahren schwelgen, aber ohne vorzugeben, sie wären jünger, als sie tatsächlich waren. Als die erste Gruppe im Kloster ankam, fanden sie sich in einer Umgebung wieder, die ihnen durch alle möglichen Zeichen dabei half, sich wieder jünger zu fühlen. Sie blätterten in alten Ausgaben des „Life-Magazins" und der „Saturday Evening Post", schauten sich Filme und Fernsehshows an, die 1959 beliebt waren, und hörten Musik von Perry Como und Nat King Cole im Radio, sie unterhielten sich auch über das, was „gerade so passierte", zum Beispiel über Fidel Castros Machtübernahme auf Kuba, den Besuch des russischen Regierungschefs Nikita Chruschtschow in den USA und über die Heldentaten des Baseball- Idols Mickey Mantle und der Boxergröße Floyd Patterson. All das war so geschickt aufgesetzt worden, damit die Männer sich besser vorstellen konnten, sie wären tatsächlich 22 Jahre jünger. Das heißt, sie versetzten sich mental und insbesondere emotional vollständig in die frühere Zeit.

Nach beiden Fünf-Tages-Retreats wurden die Gesundheitswerte der Männer gemessen und mit den Werten vor dem Aufenthalt im Kloster verglichen.

In beiden Gruppen waren die Männer physiologisch jünger geworden, sowohl strukturell als auch funktional; bei den Teilnehmern der ersten Gruppe, die sich emotional vollkommen in die alte Zeit versetzt hatten, konnten allerdings erheblich stärkere Verbesserungen festgestellt werden als bei der Kontrollgruppe, die sich nur an die alte Zeit erinnert hatte.

Die Körpergröße, das Gewicht und der Gang hatten sich verbessert. Die Männer nahmen eine geradere Körperhaltung ein und wurden dadurch größer, ihre Gelenke wurden flexibler, ihr Gehör schärfer. Auch ihre Greifkraft erhöhte sich. Sie konnten sich besser erinnern und schnitten bei Erkenntnisfähigkeitstests besser ab: die erste Gruppe um 63 Prozent, die Kontrollgruppe um 44 Prozent. Die Männer wurden in diesen fünf Tagen im wahrsten Sinne des Wortes jünger, direkt vor den Augen der Forscher.

Langer berichtete: „Nach Abschluss der Studie spielte ich mit den Leuten Fußball. Sie berührten den Ball zwar nur, aber sie spielten Fußball, und einige hatten ihre Gehstöcke weggeschmissen. Wie konnte das geschehen? Den Männern war es offensichtlich gelungen, die Schaltkreise in ihrem Gehirn zu aktivieren, sie sich daran erinnerten, wer sie vor 22 Jahren gewesen waren. Ihre Körperchemie reagierte darauf wie durch Magie. Sie fühlen sich nicht nur jünger, wie wurden physisch jünger, wie die Messungen der Reihe nach bewiesen. Die Veränderung hatte nicht nur in ihrem Kopf, sondern auch in ihrem Körper stattgefunden: Ihre Gene hatten sich verändert."

Da das Unterbewusstsein zu circa 95 Prozent die Persönlichkeit ausmacht und diese zu 100 Prozent durch Erfahrungen geprägt ist und diese wiederum nur über Emotionen und nicht über logische Gedanken beeinflusst werden können, kommt den Emotionen damit eine weitaus größere Bedeutung zu, als in einer oberflächlich logisch geprägten Welt allgemein angenommen wird.

Denn was die alten Männer erlebt hatten, lässt sich auch auf das jeweilige individuelle Leben übertragen – sich emotionell zu verjüngen, in eine andere Lebenssituation zu versetzen. Emotionen sind die Sprache zur Beeinflussung des Unterbewusstseins. Emotionale Intelligenz ist damit das Einfühlungsvermögen in die eigenen Emotionen, die des Gegenübers und der Mitmenschen, um so die angestrebten Veränderungen herbeizuführen; bei dem Stellenwert der Emotionen ein unglaublich großer Hebel.

1. Was sind Emotionen wirklich?

Emotionen sind chemische Konsequenzen früherer Erfahrungen. Der Körper erzeugt bei der Erfahrung eine chemische Substanz, lagert sie ab, und aktiviert sie, wenn sich das Ereignis wiederholt. Auf diese Weise funktioniert auch unser Gedächtnis: Starke Emotionalisierung erleichtert die Erinnerung.

Emotionen prägen unser Denken und die Entwicklung der Persönlichkeit. Kleinkinder saugen im frühkindlichen Alter emotionale Erfahrungen auf wie ein Schwamm. Hier bilden sich Urvertrauen, das Gefühl von Sicherheit, Liebe, Geborgenheit, Freude, Neugier, Empathie, Selbstbewusstsein. Was das Kind bis zum siebten Lebensjahr erlebt und emotional erfährt, prägt im Wesentlichen die Persönlichkeit. So schicksalhaft fatal wirken sich daher körperliche und insbesondere sexuelle Gewalt und Missbrauch auf die Persönlichkeitsentwicklung aus. Hier entstandene Traumatisierungen prägen sehr stark und sind später nur sehr schwer zu heilen, z.B. durch Langzeit-Meditation und Holotropes Atmen.

Bis zum 23. Lebensjahr ist die Persönlichkeit geprägt und gefestigt. Sie besteht zu 95 Prozent aus dem Unterbewusstsein, dem autonomen Nervensystem. Man kann sagen: „Das Leben sind Emotionen". Dies zeigt den Stellenwert der emotionalen Intelligenz.

Daniel Goleman hat mit seiner „Emotional Intelligence – Why it can matter more than IQ" weit über Gardners Intelligences hinausgehend die Emotionen und seine Bedeutung für unser Denken und unser soziales Leben ins Zentrum der Aufmerksamkeit gerückt. Die emotionalen Bereiche sind durch Myriaden von Verbindungssystemen mit dem Neocortex, dem Großhirn verbunden. Dies gibt den Gefühlszentren einen immensen Einfluss auf den Rest des Gehirns einschließlich der Denkzentren.

Um die emotionale Intelligenz zu erschließen, geht es zunächst um die Wahrnehmung der Emotionen bei sich und anderen, und dann um deren gezielte Beeinflussung.

Die flächendeckende Logikdominanz hatte durch Herabsetzung und Entwertung der Emotionalität zu einer weit verbreiteten Gefühlskälte und Desensibilisierung im menschlichen Miteinander geführt, was schlussendlich zu einer Unfähigkeit zur Wahrnehmung von Emotionen geführt hatte. In seiner Biografie „Mars. Ich bin jung und reich und gebildet, und ich bin unglücklich, neurotisch und allein", beschreibt Fritz Zorn seine gefühllose Kindheit, Jugend, und die ersten Jahres des Erwachsenseins an der Goldküste am Zürichsee – bis zu seinem Krebstod „ich wurde zu Tode erzogen".

Die Fähigkeit, Emotionen bei sich und anderen wahrzunehmen und zu spüren, ist eine natürliche Begabung, die durch die frühzeitige, konsequente und gründliche Erziehung zur Logik weitestgehend „ausgejätet" wurde: durch das Elternhaus, die Schule, die Universität und schließlich die anhand logischer Kompetenz gegründete berufliche Karriere. Durch anschließende „Sensitiviy trainings" müssen die elementaren Fähigkeiten wieder geweckt werden, um die schlimmsten Folgen einer Gefühlskälte und -armut abzumildern.

Dabei ist bei uns als Kleinkindern anfangs noch alles bestens vorhanden und ermöglicht ein spontanes Lesen der eigenen Gefühle und die unserer Mitmenschen. Das Interpretieren der Mimik und der Körpersprache ist selbstverständlich, auch das Aufnehmen von positiven und negativen Schwingungen der Mitmenschen erscheint wie ursprünglich und angeboren. Sogar Vorahnungen kommender Ereignisse sind im Bereich des Möglichen – wenn die entsprechende Sensibilität wiederhergestellt ist.

2. Artikulationen und Medien der Emotionalität

Neben der zunächst körperinternen reinen Diffusität der Emotionen aufgrund chemischer Substanzen artikulieren sich Gefühle oder benutzen Medien zur Kommunikation: primär Sprache und Metaphern, Bilder, Töne/Musik, körperliche Bewegungen, und – weniger – Düfte und Gerüche.

Zunächst zur Sprache: Gefühle werden durch sprachliche Artikulation härter und klarer definiert und erhalten je nach Sensibilität und Differenziertheit der Artikulation eine besonderen „Twist", einen Drall: die Affirmation. „Liebe" ist etwas anderes als „Leidenschaft", „Trauer" ist etwas anderes als „Lustlosigkeit", „Glück" ist etwas anderes als „Zufriedenheit". Worte haben bekanntermaßen neben einem Inhalt auch ein emotionales Umfeld. Insofern ist emotionale Intelligenz auch die Fähigkeit, bei sich selbst oder den Mitmenschen durch den sensiblen Gebrauch von Worten bestimmte Effekte oder Reaktionen herbeizuführen.

„Ich bin glücklich" lässt den Menschen in voller Schönheit und Vitalität erstrahlen – mit direkten positiven Effekten auf das Immunsystem. „Ich bin deprimiert" – kombiniert sich unmittelbar mit einem aschfahlen Gesichtsausdruck und einer gebeugten Körperhaltung – mit fatalen Effekten auf das Immunsystem.

„I am the king of the world" propellierte den Boxer Cassius Clay (später Muhammed Ali) an die Spitze der Welt-Schwergewichtsboxer: Es machte ihn nahezu unbesiegbar.

„Ich liebe Dich" lässt einen selbst und insbesondere das adressierte Gegenüber in Sympathie, Harmonie, Euphorie und Liebe erstrahlen – mit entsprechenden Gesundheitsboostern.

„Ich hasse meinen Job" wird die negativen Gefühle gegenüber einer Tätigkeit, die die Haupt-Wachzeit eines Menschen abdeckt, noch verfestigen und verstärken. „Ich suche mir etwas Neues" lenkt die Emotionen ab von der depressiven Fallgrube hin zu einer hoffentlich positiven Perspektive.

Oder hin zu den Mitmenschen. „Ich vertraue Dir" begründet und verfestigt eine enge, belastbare und emotional positive Beziehung. „Ich hasse Dich" trennt oder zerschneidet eine Beziehung auf Augenhöhe nachhaltig. „Ich verachte Dich" verbindet die Trennung mit einem Anspruch auf Überlegenheit.

Es wird deutlich, wie überaus wichtig sprachliche Feinfühligkeit und Sensibilität für die emotionale Intelligenz ist. Konfuzius sagt: „Ohne Kenntnis der Kraft der Worte ist es unmöglich die Menschen zu kennen." Oder die Bibel, Johannes 1.1: „Und am Anfang war das Wort."

Dem Umfang des zur Verfügung stehenden Wortschatzes kommt eine zentrale Bedeutung zu.

Interessant hierbei mag das Wortvolumen der unterschiedlichen Sprachen sein:

Englisch: 620.000 laut Oxford Dictionary, Deutsch: 450.000 laut Duden, Französisch: 300.000 Wörter. Nimmt man die Anzahl verwendeten Wörter der heute wichtigsten Dichter in ihren Werken in den Fokus, so verwendete Shakespeare 66.500; Goethe 93.000 Wörter.

Und vielleicht noch eine Anmerkung zur „emotionalen Qualität" der einzelnen Sprachen. Wie mir von europäischen „Freunden" in den sechziger Jahren oft verdeutlicht wurde: „Mit Gott spricht man Spanisch, mit seiner Geliebten Französisch, mit seinem Freund Italienisch, mit seinem Geschäftspartner Englisch und mit seinem Hund Deutsch." Dies war die karikaturhafte Abqualifikation der deutschen Sprache in der an Demütigungen der deutschen Menschen reiche Zeit unmittelbar nach dem 2. Weltkrieg. Nichtsdestoweniger bleibt eine hohe sprachliche Sensibilität ein wichtiger Baustein emotionaler Intelligenz.

Nun zu sprachlichen Konstrukten, den Metaphern. Metapher ist ein sprachlicher Ausdruck, bei der ein Wort aus seinem Bedeutungszusammenhang in einem anderen übertragen, als Bild verwendet wird. „Ein eiserner Vorhang senkte sich mitten durch Europa nieder." Dieser Ausspruch Winston Churchills legte die emotionale Basis für die staatsübergreifende Abgrenzung der damals noch durchaus nicht einigen europäischen Demokratien – und damit Kohäsion – gegenüber dem russisch beherrschten Ostblock.

Oder der Slogan der japanischen Firma FUYI: „Wir sind eine Samurai-Company" hier wird die kriegerische Tugend und Überlegenheit eines mittelalterlichen japanischen Elitekriegers auf die Arbeitsweise und Überlegenheit der gesamten Firma übertragen – mit entsprechendem Anspruch an die Mitarbeiter.

Ich lebe „spartanisch" kombiniert den Hochleistungsanspruch mit sparsamster Lebensweise und emotional positiv überhöht – in Anlehnung an den für seinen begrenzte Größe überaus erfolgreichen griechischen Altertumsstadtstaat Sparta.

Mit seinem Ausspruch „Ich bin ein Berliner." am 26. Juni 1963 vor dem Schöneberger Rathaus in Berlin entfachte der damalige amerikanische Präsident John F. Kennedy eine unglaubliche Euphorie und einem unbändigen Überlebenswillen unter der Westberliner Bevölkerung zwei Jahre nach dem Bau der Berliner Mauer durch das damalige Regime der DDR. Selten hatte ein Ausspruch eines Politikers eine derartige emotionale Hebelwirkung.

Starke Worte und Metaphern können einzelne Individuen, Gruppen und ganze Nationen emotional überaus stark bewegen zum Positiven wie zum Negativen. Umfassende und tiefe Kenntnis dieses Instrumentariums sind elementarer Bestandteil emotionaler Intelligenz.

Die emotionalen Signale imposanter Gebäude umgeben uns seit Jahrtausenden: Pyramiden und Tempel sind über den gesamten Planeten verteilt. Die Pyramiden von Gizeh und Chicken Itza, die Akropolis, der Petersdom, Notre Dame, der Kölner Dom, das Empire State Building, der Burj Kalifa, Versailles und Palacio Real in Madrid, Taj Mahal, Arc de Triomphe, die verbotene Stadt in Peking – alle entstanden, neben bei einigen der partiellen Nutzung als Residenz oder Wohnung, mit der eindeutigen emotionalen

Botschaft der Macht und der Bedeutung an die Um- und Nachwelt.

Das Empire State Building wurde von Präsident Roosevelt in der Zeit der tiefen ökonomischen Krise errichtet zur Botschaft an die amerikanische Nation und die Welt, dass es „wieder aufwärts ginge" und der Wachstumswille der Nation ungebrochen ist. Der Petersdom – finanziert bezeichnenderweise durch den Peterspfennig, einer Kollekte von allen Gläubigen und dem Verkauf von Ablassbriefen zur Freisprechung von allen Sünden – wurde errichtet zur Dokumentation der geistlichen Macht der katholischen Kirche. Bei Betreten des Kölner Doms richtet sich der Blick automatisch nach oben in die Höhe zu den kunstvollen Bleifenstern und suggeriert, wie winzig doch der einzelne Mensch ist. Die anderen Artikulationen der emotionalen Intelligenz über Formen, Töne der Musik und Gerüche manifestieren sich in perfekter Kombination anlässlich eines Gottesdienstes beispielsweise im Kölner Dom.

Das Erklingen der gewaltigen Orgel verstärkt das Gefühl, wie schwächlich und damit sinnvollerweise gehorsam der Mensch doch sei im Angesicht der mächtigen Kirche. Der Widerhall der Töne von den erhabenen Gemäuern verstärkt noch den gewünschten Effekt.

Auf der anderen Seite kann entsprechende Musik wie beispielsweise eine Oper von Mozart den Zuhörer in absolut freudige Euphorie und Fröhlichkeit versetzen oder eine Symphonie von Beethoven ruft beispielsweise Gefühle von Erhabenheit, Bedeutung, Größe und Schaffensfreude hervor.

Militärmärsche wurden ausschließlich komponiert, um bei den Marschierenden und Zuhörern das Gefühl der gemeinsamen Kraft, Stärke, Energie, Überlegenheit und Unbesiegbarkeit hervorzurufen. Man möge sich nur ansehen, wenn eine Kompanie von Soldaten im Stechschritt zum Marsch paradiert. Und die Paradeuniform in Schneeweiß, Rot und Strahlendblau mit viel Gold unterstreicht noch diesen Effekt der Potenz.

Im Kölner Dom sind die Uniformen oder Gewänder eine wenig gedeckter, aber nicht weniger wirkungsvoll; wobei das strahlende Lila den Kardinälen vorbehalten ist. Gekrönt durch hohe Bischofsmützen, um den Kopf noch größer erscheinen zu lassen. An den Füssen keine polierten schwarzen Stulpen-Stiefel, sondern weiße seidene Pomponschühchen.

Das Arsenal der uns umgebenden emotionalen Signale und Botschaften ist dicht, tief gestaffelt und offen oder verdeckt, subtil, äußerst aktiv und wirksam. Es ist sicherlich sinnvoll, sich der emotional intelligenten Botschaften der uns umgebenden Symbole und Ästhetik bewusst zu sein und die Botschaften zu „lesen", um sich die zum Teil sehr subtilen Botschaften zu vergegenwärtigen.

3. Das Weltbild emotionaler Intelligenz

Das Weltbild der Logik ist einfach und eindeutig: Da sich Wahrnehmung und Verarbeitung ausschließlich auf Phänomene begrenzt, die mit den fünf Sinnen wahrgenommen werden können, ergibt sich entsprechend ein ausschließlich gegenständliches Weltbild, einschließlich des damit verbundenen Narrativs des allgegenwärtigen Strebens nach Geld oder materiellen Gütern. Alles Nicht-Materielle wird nicht wahrgenommen oder in der Wahrnehmung herabgesetzt, herabgewürdigt. Wenn es diese anderen Erscheinungen nun aber doch gäbe, dann wären sie der Beschäftigung damit nicht wert, da sie den hehren Anforderungen der Logik nicht gerecht werden. Man möge sie sich bestenfalls abgewöhnen. Emotionen fallen darunter.

Außerhalb dieses Wahrnehmungs- und Denkkäfigs öffnet sich die Welt der Gefühle, der Lust, der Bewunderung der Schönheit der Mitmenschen, der Natur, der Stimmungen, der freien, grenzenlosen Gedanken, der Phantasie, der Träume, der Liebe, der Freude, des Glücks jenseits der Materie, der Kreativität, der Begeisterung, der Euphorie, des Orgasmus, der puren Lebensfreude, der Sympathie, aber auch der Trauer, Ärger, der Depression, der Angst, des Hasses. Man könnte sagen: das Leben.

Kommt die erforderliche emotionale Sensibilität oder „Literacy" hinzu, werden eigene und emotionale Signale lesbar und interpretierbar und es eröffnet sich ein sehr viel reicheres Weltbild, das schwelgt in den „Botschaften" der uns umgebenden Natur und Materie.

Eigene körperliche Gefühlsausprägungen und Signale deuten gegebenenfalls auf eine psychische oder physische Disharmonie hin oder eine Kombination davon und verlangen eine entsprechende Reaktion zur Wiederherstellung der Balance – auch ohne ärztliche Hilfe.

Die eigene Körperhaltung hochaufrecht, gerade, kraftvoll signalisiert eine entsprechend aufrechte, kraftvolle und optimistische Persönlichkeit. Der Gang aufrecht, gerade und kraftvoll mit kräftigem Schritt vervollständigt das Persönlichkeitsbild. Die Mimik geradeausblickend, fester Blick, frische gespannte Gesichtszüge: Die eigene emotionale Verfassung spiegelt sich umfänglich und vollständig im Erscheinungsbild wider – „der Körper lügt nicht".

Das Lesen fremder Gefühle oder Signale und deren Lenkung ermöglicht ein einvernehmliches, auch euphorisches Zusammenleben mit anderen Menschen, das Durchschauen fremder Stimmungen, Absichten und Gedanken und die Initiierung besonderer Höchstleistungen. Dies gilt auch für Leben mit Tieren, sie zu verstehen, sie zu motivieren und sogar mit ihnen zu kommunizieren. Einige berichten sogar vom Lesen der Pflanzen und der Kommunikation mit ihnen.

Eine Ausleuchtung und Aktivierung des gesamten Arsenals der emotionalen Intelligenz, der gesamten Koordinaten der emotionalen Möglichkeiten kann das Leben in beträchtlichem Maße erweitern, bereichern und positiv gestalten.

4. Kenntnis und Steuerung der eigenen emotionalen Muster

Emotionen sind die chemischen Konsequenzen früheren Erfahrungen. Insofern ist es von höchster Bedeutung, welche Erfahrungen wir seit frühester Kindheit, Elternhaus, Sportvereine, Grundschule, Gymnasium, gegebenenfalls Universität, Lehre im Beruf – je früher, umso prägender – in unsere Persönlichkeit aufgenommen haben. War die Ehe meiner Eltern intakt, stabil und vertrauensvoll? War ich ein Einzelkind oder hatte ich Geschwister? Und wenn ja, an welcher Stelle stand ich? War ich ein gewolltes Kind? Was war die vorherrschende Atmosphäre und Stimmung im Elternhaus: liebevolle, gerecht verteilte Fürsorge oder Konkurrenz um die Zuneigung der Eltern und Präferenzen einzelner Elternteile zu einzelnen Kindern? Prügel als Mittel der Erziehung? Entspannter Wohlstand oder permanenter Gelderwerbsdruck? Durchgängige Wärme oder konstanter Leistungsdruck? Fröhliche Kameraderie unter den Geschwistern oder direkte Konkurrenz? Ausnahmslos tiefes Vertrauen untereinander oder subtile, gar offenkundige Intrigen? Dann Akzeptanz, Rolle und Status in Vereinen und diversen Schulkontexten: evtl. informeller Klassenführer oder Klassensprecher, ggfs. Schulsprecher? Daneben die gewonnenen Freundschaften und gegebenenfalls ersten Liebesbeziehungen.

In diesen Kontexten „gewonnene Erfahrungen" formen das Weltbild, das Selbstbild und das Menschenbild. Gilt für mich: „Das Leben ist permanenter Kampf" oder „ Das Leben ist Mühe und Arbeit" oder „Das Leben ist Wettkampf" oder „Das Leben ist ein Glücksspiel" oder „Das Leben ist ein Tanz" oder „Das Leben ist ein Geschenk"?

Vor dem Hintergrund dieser individuellen Erfahrungsschätze entstehen die Glaubenssätze und Verhaltensmuster, die mein persönliches emotionales Leben steuern: Habe ich Vertrauen in das erfolgreiche Bewältigen eines gewünschten Lebens? Habe ich Vertrauen in das Gelingen einer glücklichen Ehebeziehung? Vertraue ich der Resilienz meines Körpers?

Oder: Ich werde nie Erfolg haben im Leben, was immer ich anpacke, es wird mir nicht gelingen; Ich bin hässlich; ich werde nicht geliebt; aufgrund meiner lieblosen Kindheit habe ich kein Urvertrauen, also wird mein Leben misslingen, ich habe immer Schuld, was immer auch passiert, ich werde keine Freunde haben; ich werde jung an einer schweren Krankheit sterben; alle meine Investments sind zum Misserfolg verdammt.

Die Kenntnis dieser die eigene Persönlichkeit prägenden Glaubenssätze und Überzeugungen sind das entscheidende Rüstzeug zum Verständnis der eigenen emotionalen Muster und damit die Basis und der Ausgangspunkt der eigenen Verhaltenssteuerung.

Die eigene Weltsicht, die eigene Wahrnehmung, die eigene Wortwahl, die eigene Art zu denken und gegebenenfalls Entscheidungen zu fällen sind die Folge dieser emotionalen Muster. Die Kenntnis des eigenen emotionalen Profils ist die Basis der emotionalen Intelligenz.

5. Lesen und Steuerung fremder emotionaler Muster

Samy Molcho, neben Marcel Marceau einer der großen europäischen Pantomimen gab vor einigen Jahren Seminare zum Thema Körpersprache, zur Steigerung der emotionalen Sensibilität in Zeiten herrschender Logikdominanz. Zur Demonstration was alles aus Körperbewegungen heraus interpretiert werden konnte, ließ er einen Teilnehmer auf der ebenerdigen Bühne circa 15 bis 20 Schritte gehen, nahm dies per Video auf – und hielt dann einen circa 50-minütigen Vortrag, was er aus dem Gang lesen konnte: Sie hatten eine schwere Kindheit und Jugend, haben diese Belastungen überwunden; Sie haben sich aus sozial angespannten Verhältnissen hochgearbeitet; Sie leben jetzt in einer guten engen und vertrauensvollen Beziehung, in der Sie sich geborgen fühlen; beruflich sind Sie selbständig mit gutem Erfolg; Sie haben Kinder, zu denen Sie ein gutes Verhältnis haben; Sie haben beruflich und persönlich noch große Pläne.

Ein kompetenter und erfolgreicher Umgang mit anderen Menschen setzt die Kenntnis und das Einfühlungsvermögen in das emotionale Profil des anderen voraus. Je höher die eigene Sensibilität und emotionale Intelligenz, desto besser gelingt das. Obiges Beispiel des Pantomimen mag zeigen, was im besten Falle möglich ist.

Der Erfolg eines Redners hängt unter anderem davon ab, ob er die Atmosphäre des Vortragssaales vorher in sich aufnehmen konnte, ob er unmittelbar zu Beginn beim Betreten des Saales die emotionale Verfassung der Teilnehmer erspürt, ob er früh in einen körpersprachlichen Dialog mit dem Publikum tritt, dass die jeweiligen Körperspannungen einander entsprechen, ob er eine passende Tonlage zum Publikum findet – und ob er die richtigen Worte findet, um seine Botschaft rüberzubringen. Eine ganze Kavalkade emotionaler Intelligenz – bevor er auch nur eine einzige Silbe der logisch abgeleiteten Argumentationen von sich gegeben hat. Es gibt das Ondit über den ehemaligen österreichischen Bundeskanzler Bruno Kreisky, dass er in seinen Wahlkampfreden unvollständige Sätze von sich gegeben habe – seine Aura, und der sonore Tonfall seiner Stimme hätten eine derartige Vertrauensbotschaft versprüht, dass er allein deshalb gewählt worden wäre, nicht aufgrund dessen, was er gesagt hätte.

Der Aufbau und die Führung sozialer Beziehungen, beruflich oder privat, setzt in hohem Maße Empathiefähigkeit und emotionale Intelligenz voraus – das Erkennen und Interpretieren der emotionalen Muster des Gegenübers.

6. Sonderthemen der emotionalen Intelligenz – Krankheit, Gesundheit und Emotionen

Die Fehlentwicklung der Schulmedizin spiegelt in frappierender Weise die Desorientierung der Denk- und Kognitionssysteme in den westlichen Industrieländern.

Die Schulmedizin erlebte ihren Aufstieg in etwa zeitlich parallel zur industriellen Revolution als die Newtonsche Physik ihre Kraft entfaltete und aus den industriellen Gewinnen in größerem Maße medizinische Forschung finanziert werden konnte. Die „Überlegenheit des newtonschen Denkansatzes" wurde logischerweise auf die Medizin als Ganzes übertragen.

Spätestens seit dem Vordringen asiatischer und südamerikanischer „Philosophien", Denkansätze und Heilungsmethoden wurden die Schwächen oder schlichtweg Fehlsteuerungen der schulmedizinischen Konditionierung offenkundig: die einzelnen Körperteile, Organe und Kreisläufe sind eng miteinander verzahnt und können nur im Verbund geheilt werden; allen Zellen des Körpers ist eine ausgeprägte Selbstheilungskraft inne, die durch das auf das feinste abgestimmte Gleichgewicht aller Körperfunktionen untereinander gesteuert wird. Medikamentöse Eingriffe in dieses Gleichgewicht haben erhebliche Nebenwirkungen.

Ebenso sind psychische Koordinaten bis hin zu Stimmungsmustern auf das engste mit dem gesamten Körper verbunden und haben einen erheblichen Einfluss auf die gesundheitliche Verfassung.

Die Organisation der Gesundheitsversorgung folgt bündig dem Systementwurf der Medizin: Zahn- und Kieferarzt, Hals-Nasen- und Ohrenarzt, Lungenarzt, Herzarzt oder Kardiologie, Proktologie, Urologie, Orthopädie, Arzt für Inneres mit Unterdisziplinen, Chirurgie mit ebenfalls einzelnen Unterdisziplinen, Nervenarzt, Psychiatrie, Psychosomatik – all diese Fachdisziplinen generieren eigene Facharztausbildungen mit dem Recht zur Eröffnung eigener Praxen mit entsprechend hohen Einkunftsmöglichkeiten. Dass diese medizinischen Fachdisziplinen miteinander eng kommunizieren, darf nur teilweise erwartet werden. Des Weiteren orientiert sich die Schulmedizin – folgend dem Prinzip der Ausrichtung auf sichtbare Fakten – auf die Therapie der sichtbaren Symptome und nicht der dahinterliegenden Ursachen. So zum Beispiel wird zur Heilung einer Grippe ein fiebersenkendes Mittel verschrieben, obwohl das Fieber eine Reaktion des gesamten Körpers zur Bekämpfung der Viren ist und die höhere Schlagzahl des Blutflusses mehr weiße Blutkörperchen zu den Viren bringt. Joe Dispenza berichtet, dass bei Krebsbefall, nachdem der Krebs erfolgreich herausoperiert worden ist, nach acht bis zehn Jahren der Krebs an derselben Stelle erneut auftritt – weil die Ursache nicht behoben wurde.

Interessanterweise sucht die schamanische Medizin nach Feststellung der Symptome sofort nach den dahinterliegenden Ursachen, die bekanntermaßen zu 70 bis 80 % im geistigen-seelischen Bereich liegt.

Im Jahre 1920 begann die von Otto Buchinger „wiederentdeckte" jahrtausendalte Therapie des Heilfastens bemerkenswerte Heilerfolge quer über das gesamte Spektrum des Körpers und der Medizin zu erzielten. Juri Nikolajew in Russland gelangen 1950 spektakuläre Therapieerfolge mit Unheilbaren durch Heilfasten, was dazu führte, dass Josef Stalin per Dekret verfügte, dass künftig alle Sowjetbürger zu fasten hätten.

In etwa parallel erfolgte die Wiederentdeckung des Immunsystems, der körpereigenen „Gesundheitspolizei", die ebenfalls – unabhängig von den medizinischen Fachdisziplinen – in der Lage ist, alle Krankheiten zu therapieren, man möge ihm nur nicht in der Quere kommen.

Um circa 1900 wurde zum ersten Mal über den sogenannten Placeboeffekt berichtet: Patienten in zwei Gruppen, denen – ohne dass es ihnen mitgeteilt wurde – in der Gruppe A ein Medikament verabreicht wurde und in der Gruppe B eine Zuckerlösung, hatten nachweislich die gleichen Heileffekte. Geheilt hatten also nicht die Heilmittel selbst, sondern die Erwartung einer Heilung. Ähnliches gilt für den Noceboeffekt: Wenn in den berühmten Arztgesprächen der Chefarzt im weißen Kittel einem Patienten mitteilt, „er möge seine Angelegenheiten ordnen, er habe noch 2 Woche zu leben" dann stirbt der Patient nach 14 Tagen, obwohl er überhaupt nicht krank ist. Die Aussage einer „glaubwürdigen Autoritätsperson" führt zu der Erwartung des Todes und realisiert sich dann auch. Langsam greift unter den „Halbgöttern in Weiß" die Erkenntnis Platz, dass sie ihre Worte besser sorgsamer wählen – und dass bei den Patienten hervorgerufene positive Emotionen, wie auch immer, einen größeren Heileffekt haben könnten als viele sogenannte Medikamente.

Die Reaktionen auf die Worte der Ärzte sind natürlicherweise keineswegs die einzigen Hebel und Auswirkungen der Emotionen auf die Gesundheit.

Das gesamte eigene Weltbild „Das Leben ist eine Freude und ein Geschenk, ich bin freue mich und genieße jeden Tag, ich bin gesund und stark und habe einen gesunden Körper, das Leben gelingt mir" und die entsprechende positive und optimistische Grundstimmung, Physiognomie und Körperhaltung sind die bestmöglichen Booster des Immunsystems. Autosuggestives Aussprechen und Internalisieren dieser persönlichen Glaubenssätze intensivieren diesen Verstärkungseffekt weiter. Kombiniert mit einem straffen, geraden aufrechten Gang, einer festen Stimme und positiver Diktion, aufbauender Semantik, entsteht ein insgesamt positiver, optimistischer emotionaler Grundtenor, der Krankheiten schon in der Entstehungsphase abwehrt und eine strotzende Gesundheit erblühen lässt.

Anders wenn diese emotionale Kavalkade negativ gepolt ist. „Das Leben ist ein permanenter Kampf", „Ich werde es nicht zu etwas bringen im Leben", „man kann keinem vertrauen". Diese negativen Weltbilder sind meist mit einer entsprechend gebückten Körperhaltung verbunden, einem nachlässigen, schlurfenden Gang, mit einer unklaren heiseren Aussprache, einer verkniffenen, mit tiefen Falten versehenen Physiognomie, evtl. noch unterbrochen von regelmäßigen Gesichtszuckungen, einer zynischen, herabwürdigenden negativen Wortwahl, kombiniert mit der Unfähigkeit zu schlafen und einer konstant pessimistischen Grundhaltung – dies führt früher oder später zu kleinen oder schwereren Krankheiten, das Immunsystem liegt am Boden und kann sich gegen die kleinsten Infektionsangriffe nicht mehr wehren.

Die Kenntnis der eigenen Traumata und emotionalen Glaubenssätze eröffnen quasi den Königsweg zur Steuerung und Pflege der eigenen Gesundheit. Welch ein herrlicher Wirkungs- und Betätigungsfeld für die eigene emotionale Intelligenz zur Aktivierung der Körperintelligenz.

Diese Überlegungen werden von der Schulmedizin kategorisch ausgeblendet; sie sind mit den fünf Sinnen nicht wahrnehmbar und damit grundsätzlich in Diagnose und Therapie nicht vorgesehen. Es sein denn, aufgeschlossene Mediziner sind sich dessen bewusst und fügen sie ihrer Arbeit bei – strukturell sind sie nicht.

Die Pendeldiagnose ist ein weiteres Anwendungsbeispiel emotionaler Intelligenz im Bereich der Gesundheit und Medizin.

Unser naturwissenschaftlicher Fortschritt in der Chemie, Pharmazie und Medizin haben uns eine Fülle von Pestiziden und Herbiziden, Pflanzenschutzmittel zur Bekämpfung der Schädlinge und des Unkrauts in der Landwirtschaft und der Lebensmittelveredelung beschert. Zur prophylaktischen Bekämpfung von Krankheiten und Seuchen in der Massentierhaltung von Schweinen, Rindern und Geflügel wurde Antibiotika dem Futter beigefügt, damit die Tiere gar nicht erst krank werden würden. Geführt hat dies zu geringeren Verlusten, höheren Erträgen und damit höherem Ertrag.

Diese Substanzen landen über die Lebensmittel letztendlich beim konsumierenden Menschen mit entsprechenden Auswirkungen auf die Gesundheit.

Circa 50 % der Lebensmittel im Supermarkt und circa 20 % der Lebensmittel im Biomarkt sind „belastet", letztendlich vergiftet. Da Gifte von der Schulmedizin nicht aus dem Körper entfernt werden können, sind die Konsequenzen absehbar. Regelmäßige auch kleinere Antibiotikazuführungen führen zur Resistenz des Körpers dagegen, das heißt, Antibiotika wirken nicht mehr – mit ebensolchen Konsequenzen.

Hätten wir noch die „Wahrnehmungsantennen" der Tiere, würden wir die betroffenen Lebensmittel einfach meiden und uns gesund ernähren.

Quasi eine „Prothese" ist das Pendel. Ein kleiner unten spitz zulaufender Stein an einer kleinen Kette wird über das Nahrungsmittel gehalten. Schwingt es links herum, ist das Erzeugnis ungünstig für uns, schwingt es rechts herum, ist es günstig – wie eine Krücke für unsere abhandengekommenen Instinkte.

Das Pendel wird unter anderem in der südamerikanischen Schamanenmedizin verwandt.

Erfahrene Pendelnutzer bedienen sich des Pendels auch bei schwierigen Entscheidungen: Sie fragen das Pendel beispielsweise „Soll ich dies oder jenes tun, dies rechtsherum, jenes linksherum" und erstaunlicherweise ist das Pendel ein weiser Ratgeber. Wichtig in diesem Zusammenhang ist eine eindeutige Ja-Nein-Entscheidung.

Warum dies offenbar funktioniert, ist mit den Denkmustern der westlichen 3D Welt nicht erklärbar – für die Schamanen ist es, wie auch die Wirkungsweise bestimmter Steine auf das Wohlbefinden – Teil des Weltbildes, das wohlgemerkt weit über die materielle Welt hinausgeht und in hohem Maße feinstoffliche Kategorien, emotionale und spirituelle enthält. Entscheidend ist, dass der Pendelnutzer das Pendel selbst auswählt – es muss zu ihm passen – und quasi „eine emotionale Beziehung mit dem Pendel eingeht". Ein logikgesteuerter rationaler Mensch wird hierüber nur mit dem Kopf schütteln, so sehr widerspricht dies dem westlichen Weltbild und Menschenverständnis; allein es funktioniert, und alle Erklärungsversuche meinerseits wären reine Hypothesen.

7. Selbstsabotage

Traumata, wie „Ich bin nichts wert.", „Mir gelingt nichts im Leben.", „Ich werde nicht gemocht.", „Ich bin immer schuld.", „Ich bin hässlich.", „Ich werde alsbald an einer Krankheit sterben.", die nur allzu oft durch frühkindliche Erlebnisse grundgelegt werden und fundamentale Glaubenssätze des Weltbildes geworden sind, können die oben dargelegten positiven Wunschentwicklungen ins diametrale Gegenteil verkehren.

Werden Schlüsselreize, die derartigen Traumatisierungen entsprechen, aktiviert, flutet eine Welle von Emotionen Gehirn und den gesamten Körper und blockiert jegliche Form sinnvollen Verhaltens.

Man hat sich optimal und gründlich für ein entscheidendes Examen vorbereitet, steht gut ausgeschlafen und vollgestopft mit Wissen vor den Prüfern, bekommt die erste Prüfungsfrage und plötzlich blitzt die Gewissheit auf „ich bin es nicht wert", man läuft rot an, stottert und das Gehirn ist plötzlich wie leer; und schon ist alle Mühe umsonst gewesen. Es ist wie eine totale Denkblockade.

Jede Form des Zusammenlebens oder der Zusammenarbeit beinhaltet natürlicherweise die Beurteilung oder Kritik von Verhaltensweisen, die der

Korrektur bedürfen. Bei Menschen mit Schuldkomplexen, die in der Kindheit permanent oder übermäßig kritisiert worden sind, ohne liebevoll „an die Hand genommen wurden", führt dies zu blitzartigen emotionalen Überreaktionen, die zu massiven zwischenmenschlichen Zerwürfnissen führen, die Beziehungen schwer belasten.

Ein junges hübsches Mädchen wird regelmäßig zu den üblichen Teenagerpartys eingeladen, Abitanzball, Schulfest, Sommerfest im Tennisclub etc. und findet plötzlich immer Ausreden, warum sie nicht mehr teilnehmen kann, Magenschmerzen, Migräne, Gesichtsakne, verstauchtes Knie... – der wahre Grund ist, sie fühlt sich hässlich und möchte keine Enttäuschungen durch Missachtung erleben. Als sie mit 14 Jahren vor dem Spiegel stand und sich hübsch machen wollte für eine Geburtstagsfeier, hatte die Mutter gemeint: „Es lohne sich nicht sich zu schminken, sie sei sowieso nicht hübsch." Diese Aussage hatte sie derartig traumatisiert, dass sie sich auf kein Fest mehr traute, damit in eine Spirale der Selbstisolation geriet, ihre sozialen Fähigkeiten nicht weiterentwickelte, vereinsamte und schließlich depressiv wurde.

Man hat es letztendlich nicht in der Hand, welche und wie viele tiefe verbale Verletzungen man im Leben erfährt. Entscheidend ist, wie man damit umgeht. Positive Affirmationen, regelmäßige Meditationen – mit der Lenkung der Gefühle auf das Problem, und holotropes Atmen können hier durchaus helfen. Man muss sich dessen nur bewusst sein und „hineingehen" in das Thema.

8. Flow

Eine der höchsten Formen der emotionalen Intelligenz ist die Fähigkeit zum sogenannten Flow. Es ist der schöpferische Einsatz von Emotionen zur Erzielung von Höchstleistungen – und dies verbunden mit Empfindungen höchster Lust. Entscheidende Voraussetzung allerdings ist das Verlassen der Betaschwingungen im Gehirn, des Bereiches der Logik.

Mihaly Csikszentmihalyi, der „Erfinder" zumindest des Begriffs „Flow", beschreibt das Phänomen folgendermaßen: „Du bist in Ekstase – als wenn Du nicht existierst – wie im Rausch fließt die Höchstleistung aus Dir heraus – Dir gelingen Ergebnisse, Erfolge und Leistungen wir nie zuvor und dies ohne jede Anstrengung – wie im Rausch. Und alles ist höchst lustbetont."

Als einer der ersten Philosophen beschäftigte sich Friedrich Nietzsche mit, wie er es nannte „Rausch", einem Zustand höchster Performance und instinktiver Erkenntnis und gleichzeitiger Selbstaufgabe.

Künstler, Komponisten, Bildhauer, Maler aber auch Hochleistungssportler berichten mit ihren Worten über diesen ihnen durchaus geläufigen Zustand mentaler und körperlicher Höchstleistung.

Ludwig van Beethoven erfuhr diese Zustände bereits in frühester Jugend. Seine Jugendfreundin Cäcilie Fischer berichtet, er sei sehr oft völlig geistesabwesend gewesen: „Ich war gerade vollkommen beherrscht von so wundervollen, herrlichen Gedanken, dass ich es nicht ertrug, unterbrochen zu werden." Sie: „Er war heute wieder in seinem Raptus." In diesem Raptus komponierte er später seine göttlichen Werke.

Wolfgang Amadeus Mozart: „Ich habe keine Ahnung, woher und wie die Ideen kommen."

Mozartforscher haben den „Mozart Flow" beschrieben als eine Kombination aus:

- Entspannter Geisteszustand
- Intention
- Struktur
- Konzentriertes Interesse
- Einfälle, Ideen
- Physische Umsetzung, Niederlegung
- Ergebnisse

Menschen in einer derartigen Ekstase transzendieren die Grenzen des lokalen Geistes. EEG-Auswertungen zeigen die Abschaltung des präfrontalen Cortex des Gehirns, des Sitzes des Selbstgefühls und des logischen Denkens. „Wohlfühl"-Neurotransmitter wie Endorphine, Serotonin, Dopamin, Anandamid und Oxytocin fluten das Gehirn und verändern die innere Chemie. Filter, die wir normalerweise auf eingehende Informationen ansetzen, werden außer Kraft gesetzt, es kommt zu assoziativen, kreativen Gedankensprüngen, die entsprechend zu kreativen Spitzenleistungen anspornen.

Diese Möglichkeit der Erzielung von Höchstleistungen auch der Kreativität ohne extremen Aufwand von Willenskraft und Energie hat naturgemäß Managementphilosophen-Trainer und Militärs angezogen.

McKinsey fand in einer globalen Zehn-Jahres-Studie heraus, dass Top-Executives, die strategisch wichtige Entscheidungen zu fällen hatten, um 500 Prozent produktiver im Flow waren. Soldaten, die komplexe Probleme zu lösen hatten oder neue Fähigkeiten erlernen sollten, waren um bis zu 490 Prozent schneller als normal. Manager aller Ränge waren unter Flow um 200 Prozent kreativer.

Entsprechend wird bei der Ausbildung und dem Training der amerikanischen Navy-Seals – die Ausbildung kostet rund 500.000 USD – ein sehr hoher Schwerpunkt auf das Training im Flow gelegt.

Mit dem STER-Programm

Selflessness – Aufgabe des Ego und dessen Interessen,
Timelessness – Aufgabe des Zeitgefühls,
Effortlessness – Aufgabe materieller Motivation,
Richness – Öffnung für die „göttliche Fülle"

werden Teams von Navy-Seals vorbereitet für Aktionen wie die Verfolgung von Osama bin Laden und die Gefangennahme von Al-Isawi, Teams, die fokussiert wie Einzelpersonen handeln, nur der Aufgabe untergeordnet.

Ein Flow-Zustand lässt sich folgendermaßen einleiten:

- Wahl einer anspruchsvollen, herausfordernden Aufgabe
- Volle Konzentration
- Klare Zielsetzung
- Direkte, schnelle Rückmeldung
- Tiefes gleichwohl müheloses Engagement
- Vollständige Kontrolle
- Einbuße des Selbstgefühls
- Verlust des Zeitgefühls

Angesichts der Offensichtlichkeit der dysfunktionalen Konsequenzen und Nebenwirkungen der bisher immer noch herrschenden Logikdominanz im öffentlichen Bewusstsein ist es erstaunlich, dass die Bedeutung des Flows erst sehr langsam Raum greift, trotz ihrer derart überlegenen Effizienz.

Zu Zeiten der christlichen Dogmatik war es nur den Mystikern vorbehalten, über diesen Ausweg der kognitiven Umklammerung der Kirche zu entkommen; zu Zeiten der anschließenden oppressiven Logikdominanz war es den Künstlern vorbehalten, hierüber den Ausweg in die kognitive Freiheit zu finden.

Sonderintelligenzen durch Steigerung der Emotionalität

Je nach Breite, Tiefe und Besonderheit der Meditation eröffnen sich neue und spezielle Intelligenzen.

1. Sensibilität

Als Maharishi Mahesh Yogi in den sechziger Jahren des letzten Jahrhunderts mit einer „Bekehrungswelle" die westliche Welt mit transzendentaler Meditation (TM), „überrollte", sodass sogar die Beatles sich zu seinen Füßen sitzend ablichten ließen, führte dies nicht nur zu allgemeinen Beruhigungen und Gesundheitsverbesserungen der Probanden, auch die sogenannte Sensibilität („Sensitivity") wurde gesteigert: die Fähigkeit, die Gefühle des Gegenübers zu lesen und zu verstehen.

Zur damaligen Zeit bestand noch „die ungeteilte Herrschaft der Logik und der Sachlichkeit" mit entsprechender Gefühllosigkeit und -kälte der menschlichen Beziehungen. Man begann Manager zu „Sensitivity-Trainings" zu schicken oder in diesem Fall zum Meditieren anzuhalten, um die Empfindsamkeit und das Feingefühl zu steigern, um die Arbeitsbeziehungen zu vermenschlichen und letztlich die Leistungsfähigkeit zu steigern.

Ein Effekt war unter anderem, dass Personalgespräche nicht mehr konfrontativ über den Schreibtisch hinweg geführt wurden, sondern der Vorgesetzte seine Position verließ und sich auf die andere Seite neben den Mitarbeitern setzte, um menschliche Nähe zu dokumentieren.

2. Gedankenlesen, Telepathie

Zum ersten Mal kam ich in Kontakt mit dem Gedankenlesen anlässlich des eingangs genannten Besuchs einer indischen Prinzessin, einer Rohstofflieferantin für Sisal und Kokosfaser meines Schwiegervaters. Sie war die Tochter eines Maharadschas von Kerala, einer Provinz in Südindien, die bekannt ist für eine lange Tradition spiritueller Kultur. Auf einem Empfang kamen wir in eine Small-Talk-Konversation und mir fiel auf, dass sie antwortete, bevor ich meine Frage zu Ende formuliert hatte. Dabei schaute sie mich mit einem freundlichem aber durchaus durchdringenden Blick an.

Ähnliche Phänomene werden von in der westlichen Welt auftretenden indischen sogenannten Gurus berichtet, wie beispielsweise Sadhguru.

In der Sportwelt vermutet man, dass große Spielregisseure wie Beckenbauer, Charlton und Beckham telepathische Fähigkeiten verfügen, die ihnen „geniale" Spielzüge anzeigen.

Über den berühmten brasilianischen Fußballspieler Pele wird berichtet: „anscheinend wusste er intuitiv in dem Augenblick die Position aller Spieler auf dem Feld und sah einfach voraus, was jeder Mann als Nächstes tun würde". Ähnliches wird über den Münchner Torjäger Dieter Müller berichtet, der die Torvorlagen vorausahnte, die er dann erfolgreich verwandelte. Unter dem Maßstab der Logik betrachtet, sagte man ihm nach, nicht sehr intelligent gewesen zu sein.

Aufführungen großer klassischer Werke durch Symphonieorchester wie die Berliner Philharmoniker, die Wiener Philharmoniker oder das Orchester der Berliner Staatsoper führen regelmäßig zu einer telepathischen Verbindung zwischen Dirigent und Orchester – und das Publikum spürt dies und honoriert die Darbietung mit tosendem Applaus.

3. Kommunikation mit Tieren

Das Video über das Gespräch von Anna Breytenbach mit dem Panther Diabolo im australischen Privatzoo brachte dem „Wunder" der Tierkommunikation weltweite Aufmerksamkeit. Eigene Recherchen ergaben, dass Schamanen ebenfalls die Fähigkeit haben, mit Tieren zu sprechen. Im Schülerkreis um Alfredo Villoldo fand sich eine Heilerin, die sich auf den Kontakt mit Tieren spezialisiert hatte.

Unsere Ardaleterrier-Hündin Cherry hatte bei uns mit den beiden Töchtern, dem Garten und der Landwirtschaft in Mecklenburg ein sehr glückliches „Hundeleben" geführt, und dies hat sie uns über die Jahre auch gezeigt. Eine besonders enge emotionale Beziehung hatte sie zu meiner Frau aufgebaut, was darin sichtbar wurde, dass sie genau wusste, wann sie unverhofft nach Hause kam und, wenn meine Frau krank war, sie nicht von ihrer Seite wich, um ihr Beistand, Kraft und Heilung zu geben.

Als sie das stolze Hundealter von 16 Jahren erreicht hatte, wurde sie langsam immer gebrechlicher und siecher und es stellte sich die Frage, wie es weiter gehen sollte. Es war allerdings das einhellige Votum der Familie, dass Cherry bis zuletzt das „Gnadenbrot" haben sollte. Als das Siechtum weiter anhielt, stellte sich die Frage, ob Cherry selbst noch leben wollte, und meine Frau konsultierte eine Freundin aus dem Villoldoschen Schamanenkreis, ob sie mit Cherry sprechen würde. Da diese auf Sardinien lebte, bekam sie ein Bild der Hündin, meditierte gezielt auf das Tier und sprach mit ihr: „Cherry war sehr gern bei uns, litt nicht allzu sehr und wollte gern noch weiterleben." Als nach drei weiteren Monaten die Hinfälligkeit deutlich zugenommen hatte, signalisierte sie in einem weiteren Gespräch, dass sie bereit sei, zu gehen – was im Vitalitätsniveau, der Gestik und der Körpersprache nachvollziehbar war. Der Hund bewegte sich, als wenn er sich auf den Abschied vorbereitete. Dies wurde dann sehr sensibel, respektvoll und stilvoll eingeleitet.

4. Lichternährung

Auf den weiteren Weg in die Emotionalität und Spiritualität suchten meine Familie und ich im Jahre 2017 auf Empfehlung von Freunden eine Qigong-Schule auf, um die Möglichkeiten und die Wirkung von Qigong kennenzulernen. Im Vorgespräch mit der Meisterin schilderte sie uns ihren Ausbildungs- und Werdegang zur Ausbildung im Bereich der Energiemedizin. Energiemedizin fokussiert sich auf innerkörperlichen Energieströme, deren Blockaden, Befreiung und Optimierung. Dies alles ohne allopathische Medikamente, deren Nebenwirkungen und sonstige physische Eingriffe. In unserem Gespräch fiel uns ihr sehr warmer und zugleich eindringlicher Blick auf – und ihre besonders geradezu sprichwörtlich gesunde Ausstrahlung. Wir kamen auf die Ernährung zu sprechen: Sie empfahl, sich primär vegan zu ernähren und erwähnte beiläufig, dass sie nicht aß, sondern sich von Licht ernährte – „Lichtnahrung" – und das seit einigen Jahren. Sie habe vor einigen Jahren im Himalaya an einer besonderen Meditation eines großen Meisters teilgenommen und war hierin unterwiesen worden. Sie würde diese Meditation regelmäßig durchführen – nichts essen – und es ginge ihr sehr gut und sie sei völlig gesund. Sie sah auch so aus.

Baird Spalding in „Life and Teaching of the Masters of the far East" und Swami Rama in „Living with the Himalayan Masters" berichten über ähnliche Phänomene. Da diese Art von Fähigkeiten fast nur von Lehrer zu Schüler weitergegeben werden, haben sie noch keine größere Verbreitung erfahren.

Erstaunlicherweise habe ich Ähnliches in Europa (Mallorca) im floralen Bereich erlebt. Zur Einweihung meiner Finca in Es Carritxo, Mallorca, bekam ich von einem Nachbarn eine Pflanze zum Aufhängen – ohne Bodenkontakt – geschenkt. Seit nunmehr 26 Jahren hängt sie im Schatten im Dach der Terrasse und blüht, wächst, und gedeiht.

5. Vorahnung und Präkognition

Vorahnung heißt, Dinge in einer gewissen Ferne zu sehen, jenseits der Reichweite der normalen Sinne; das „zweite Gesicht" nennen es unter anderem die keltischen Bewohner der schottischen Highlands.

Bei Tieren werden Vorahnungen durchaus häufiger berichtet: Am 17. August 1999 suchte ein verheerendes Erdbeben (Stärke 7,4) die Türkei heim, mit dem Epizentrum Izmir. Zeitungsberichte erwähnten, dass Hunde stundenlang vor dem Ausbruch des Erdbebens geheult hätten; ähnliches ungewöhnliches Verhalten wird von Vögeln und Katzen berichtet.

Am 23. Februar 1999 verwüstete eine Lawine das Dorf Galtür in Tirol, und es gab zahlreiche Tote. Es war die schwerste Lawinenkatastrophe in Österreich seit 1954. Einen Tag vorher kamen die Gämsen von den Bergen in die Täler – etwas, das sie normalerweise nie tun. „Die Stimmung im Dorf wurde seltsam unruhig."

Am 9. Oktober 1963 stürzte ein gewaltiger Bergrutsch in den Stausee hinter dem neuerbauten Vajont-Damm in den italienischen Alpen. Infolge des Bergrutsches schwappte eine hundert Meter breite Riesenwelle über den Damm, gewaltige Wassermassen ergossen sich ins Tal, 3.000 Menschen kamen ums Leben. Vom Vortag wird berichtet: Hunde wollen an diesem Tag nicht angekettet werden und bellten unablässig so schlimm, dass sie ins Haus geholt werden mussten. Vögel brachten sich selbst um, um aus den Käfigen auszubrechen. Füchse rasten wie wild durch die Wälder.

Der Bergführer Theodor Itten berichtet aus den österreichischen und Schweizer Alpen, dass es sich bei den Tieren, die am häufigsten vorausahnen, um Gämsen und Steinböcke, aber auch um Hunde handelt. Manche Hunde sollen stundenlang vor dem Lawinenabgang aus keinem ersichtlichen Grund ständig gebellt haben, und manche weigerten sich, ins Freie zu gehen.

Josef Höllrigl aus Bludenz in Vorarlberg beispielsweise hat einen ausgebildeten Lawinensuchhund. Am 13. März 1988 weigerte sich der Hund einfach, das Haus zu seinem üblichen Morgenspaziergang zu verlassen. „Ungefähr 30 Minuten später ging eine große Lawine neben unserem Haus nieder. Ganz bestimmt wären wir umgekommen, wären wir draußen gewesen."

So wenig wie im Falle von Erdbeben wissen wir nicht, wie diese Tiere die drohenden Katastrophen antizipieren. Vielleicht reagieren sie auf elektrische oder andere physikalische Veränderungen. Aber wenn dem so ist, weiß niemand, worin diese Änderungen bestehen. Vielleicht haben die Tiere ein für uns mysteriöses Vorgefühl von Gefahr. Wie auch immer wäre die Fähigkeit, Lawinen vorauszuahnen, für Bergtiere offensichtlich überlebenswichtig und würde von der natürlichen Auslese bevorzugt. Aber viele

Tiere antizipieren auch vom Menschen verursachte Katastrophen, die in der Welt der Natur nicht vorkommen, wie Luftangriffe; was eine physikalische Erklärung erschwert.

Nun zu den Menschen:

Am 21. Oktober 1966 wälzte sich um 9:15 Uhr eine riesige von Wasser unterspülte Kohleschlackenhalde auf das walisische Bergarbeiterdorf Aberfan. Sie verschüttete die örtliche Grundschule und eine Straße daneben und begrub die Kinder in ihren Klassenzimmern und die Menschen in ihren Häusern lebendig unter sich. 144 Menschen kamen ums Leben, darunter 128 Kinder. Der Psychiater J.C. Barker, der nach der Katastrophe im Dorf tätig wurde, erfuhr, dass viele Menschen Vorahnungen gehabt hätten. Insgesamt untersuchte er 76 Fälle. In 36 ging es um Träume, die zum Teil so lebhaft und entsetzlich waren, dass die Träumenden schreiend erwachten. Andere Menschen verspürten eine übermächtige Angst.

Eine der großen Katastrophen des 20. Jahrhunderts, die traurige Berühmtheit erlangte, war der Untergang der Titanic auf ihrer Jungfernfahrt von Southampton nach New York. Das Schiff sank in der Nacht vom 14. Auf den 15. April 1912, nachdem es auf einen Eisberg gelaufen war. Es gab mehr als 1.500 Tote. Die Titanic, damals das größte Schiff der Welt, war so konstruiert, dass es angeblich unsinkbar war. Selbst als die Titanic sank, waren einige Passagiere so überzeugt von der Unsinkbarkeit des Schiffes, dass sie sich weigerten, die Rettungsboote zu besteigen, als sie von der Mannschaft dazu aufgefordert wurden.

Zahlreich geäußerte Vorahnungen wurden aufgrund dessen als sinnlose Ängstlichkeit abgetan. Harry Burroughs, lebte in Southampton und arbeitete auf Linienschiffen. Er hatte auf der Titanic angeheuert und brach am 10. April auf, um an Bord zu gehen. Kurz darauf kam er wieder nach Hause und erklärte seiner Mutter, er habe es sich anders überlegt, weil er „irgendein komisches Gefühl" hätte.

Zu denjenigen, die nicht mitfahren wollten, gehörten auch Frank Adelman, ein Geiger aus Seattle, und seine Frau. Kurz bevor sie an Bord gehen wollten, hatte Mrs. Adelman eine plötzliche Vorahnung einer drohenden Gefahr und sagte, sie wolle die Reise verschieben. Nach langer Diskussion mit ihrem Mann einigte man sich, eine Münze zu werfen. Und die Münze entschied die Verschiebung der Reise.

Blanche Marshall lebte in Southampton und verfolgte mit ihrer Familie und Freunden das Ablegen der Titanic – umklammerte plötzlich den Arm ihres Mannes und rief: „Dieses Schiff wird untergehen, bevor es Amerika erreicht." Als versucht wurde, sie zu beruhigen, schrie sie: „Steht nicht einfach so rum und seht mich an! Tut was! Ihr Dummköpfe, ich kann doch sehen, wie hunderte von Menschen im eisigen Wasser ums Überleben kämpfen." Zur damaligen Zeit erfasste man noch nicht die Zahl der Stornierungen und wertete sie aus, um dem Phänomen der Vorahnungen auf die Spur zu kommen. Dies begann erst durch W.E. Cox, der in den Jahren 1950 – 1954 Eisenbahnunglücke in den USA analysierte und herausfand, dass signifikant weniger Menschen mit den Zügen reisten, die verunglückten als mit vergleichbaren Zügen, die nicht verunglückten. Cox wies darauf hin, eine derartige Analyse könnte sogar noch aufschlussreicher sein, wenn man Flugzeugkatastrophen untersuchte.

Hunderte Millionen von Menschen haben im Fernsehen den Terroranschlag gesehen, der die beiden Türme des World Trade Centers in New York zerstörte. Ein Aufruf um Vorahnungen und Träume ergab 57 relevante Berichte, 38 präkognitive Träume und 15 Vorahnungen oder Vorgefühle, wie diesem: „Etwa fünf Tage vor der Katastrophe hatte ich einen ungewöhnlich lebhaften Traum. Ich träumte, ich wäre ein Passagier in einem Flugzeug und würde auf einem Fensterplatz an der linken Seite sitzen. Ich weiß nicht mehr, wie der Traum angefangen hat, aber ich erinnere mich noch an ein überwältigendes Gefühl von entsetzlicher Angst, weil wir sehr niedrig über die Gebäude von Manhattan flogen. Viele Passagiere äußerten sich lebhaft und teilten meine Besorgnis. Ich erkannte einige Gebäude, es war klar, dass wir direkt nach Süden über die Südspitze der Insel flogen. Dann gab es einen ungeheuren Aufprall und ich erwachte. Dieser Traum beunruhigte mich noch Tage danach."

Die Erfassung, Auswertung und Analyse von Vorahnungen und Vorahnungsträumen steht erst am Anfang der wissenschaftlichen Untersuchung. Insofern sind auch die Erklärungsversuche dieser Phänomene noch in der Entstehungsphase.

Es fällt auf, dass die Vorahnungen und Träume sich offenbar ausschließlich auf negative Ereignisse ausrichten, positive Erlebnisse „werden nicht behandelt".

Eine elementare Voraussetzung zur Ermöglichung emotionaler Intelligenz ist das Verlassen des Klammergriffs der mit der Logik verbundenen Beta-Gehirnwellen. Wenn Beta-Wellen Emotionen nicht generell verhindern, so begrenzen sie sie doch in hohem Maße. Der Königsweg zum Verlassen der Beta-Wellen ist die Meditation. In der anfänglichen Form blockiert sie das „Affenkino" der Beta-Wellen und steigert die Sensibilität gegenüber den Mitmenschen: die Fähigkeit, ihre Gefühle einfach nur wahrzunehmen. Bei tieferer Meditation steigert es das Heilungsvermögen des Körpers, verbessert es die Fähigkeit zu „Bauchentscheidungen", ermöglicht den Flow und entschlüsselt die Körpersprache.

Parallel zur meditativen Versenkung erfolgt die Aktivierung sogenannter „morphischen Felder". Das Konzept der morphischen Felder basiert auf einer Hypothese des Biologen Rupert Sheldrake als Weiterentwicklung der bis dahin vorherrschenden mechanistischen Biologie. Morphische Felder werden aktiviert, wenn es sich um Phänomene jenseits unseres eigenen Körpers, unseres eigenen Gehirns geht. Diese Felder geben den ansonsten zufälligen und unbestimmten Beziehungen und Prozessen Muster und Struktur. Sie enthalten Attraktoren, die Systeme unter ihrem Einfluss auf ein bestimmtes Ziel ausrichten. Sie entwickeln sich zusammen mit den lebenden Organismen selbst.

Die morphischen Felder aller Arten haben eine Geschichte und enthalten aufgrund einer internen Resonanz ein immanentes Gedächtnis. Diese Resonanz findet aufgrund ihrer Ähnlichkeit statt jenseits Raum und Zeit, von der Vergangenheit in die Gegenwart. Durch die morphische Resonanz greift jedes Individuum einer Gattung auf das kollektive Gedächtnis zurück und trägt gleichzeitig dazu bei. Mithilfe der Bildung dieser Felder lassen sich – neben der Sensibilität – Phänomene der emotionalen Intelligenz wie Telepathie, Flow in der Gruppe, Gedankenlesen, Tierkommunikation und Vorahnungen erklären.

Wie wir sehen werden, haben sie auch Erklärungskraft – in allerdings sehr viel umfassenderen Sinne – bei der spirituellen Intelligenz.

6. Die drei Arten der Intuition

Intuition spielt im Grenzbereich zwischen körperlicher und spiritueller Intelligenz; Es ist sehr schwierig, sie trennscharf zu lokalisieren. Je nach betroffenem Thema tangiert sie den gesamten Körper – unterschiedlich alle Chakren und Auren, Mittel- und Kleinhirn und Teile des Großhirns, den gesamten restlichen Körper – und die Beziehung (oder auch Kanal) zum Universum. Entscheidend für eine vollständige, umfassende und „saubere" Intuition ist die vollständige Ausschaltung des logischen Denkens. Diese würde den ungehinderten Fluss der Intuition nur behindern. Es lassen sich unterscheiden:

Physische Intuition

Speziell jedes Chakra verfügt über ein eigenes Gehirn. Das Erste ist bei Themen der elementaren Existenz und der Funktionsweise des gesamten Körpers oder einzelner Teile davon befasst. Blitzschnelle brillante Reaktionen beispielsweise auf dem Tennisplatz – beim Fußballspiel mitten im Strafraum oder beispielsweise die Spontanreaktionen bei Unfällen im Verkehr oder in der Natur sind derartige Ereignisse der physischen Intuition.

Geistige Intuition

Hier sind das zweite, dritte, vierte bis zum fünften Chakra betroffen. Die legendäre Bauchintelligenz sowie die Herzintelligenz sind hier angesiedelt. Sämtliche Entscheidungen des täglichen Lebens, aber auch die schwergewichtigen operativen und strategischen Entscheidungen, die im praktischen, wirtschaftlichen und wissenschaftlichen Leben zu fällen sind, werden hier getroffen. Wie wir oben gesehen haben, sind die Entscheidungen der logischen Entscheidungstheorie, bei der alle Handlungsalternativen, Zukunftsoptionen und Auswirkungen und Konsequenzen der Alternativen auf die Zukunft vollständig bekannt sind, praktisch in der Realität nicht vorhanden. Was bleibt, ist die Intuition mit ihren Bauchentscheidungen, oder im mitmenschlichen Bereich die Herzentscheidungen.

Die höherrangigen Intuitionen in Verbindung mit dem Universum sind in den fünften, sechsten und siebten Chakren angesiedelt.

Spirituelle Intuition

Die spirituelle Intuition betrifft das sechste, siebte und achte Chakra. Sie ist vollkommen losgelöst und weit entfernt von der Logik und bestenfalls erreichbar über eine sehr tiefe Meditation oder auch ein sehr tiefes Gebet. Bei der spirituellen Meditation verlassen wir die dritte und vierte Dimension und treten ein in die fünfte. Hier haben wir Zugang zu Frequenzen, die Träger schier unendlicher Informationen sind, die schneller schwingen als Materie und Emotionen und blitzschnell sind.

Das Gehirn verarbeitet auf diesen Frequenzen Energie mit extrem hohen Amplituden: den Gammaschwingungen. In diesem Kontext kommt der Zirbeldrüse (pineal gland) eine zentrale Bedeutung zu: Sie dient quasi als „Antenne zum Quantenfeld". In der Antike wird die Zirbeldrüse als „drittes Auge" von verschiedenen vergangenen Kulturen als Organ außersinnlicher Wahrnehmung verehrt, als ein Fenster zu außerirdischen Dimensionen: in der Mysterienschule des alten Ägypten als „Auge des Horus", bei den Magiern in Tibet als „Himmelsauge", im Hinduismus als „Fenster von Brahma".

In den westlichen Kulturen ist die Zirbeldrüse stark verkleinert (5 bis 8 mm anstatt 3 cm Durchmesser), „verklebt" oder „verkalkt". Bei Säuglingen ist sie normalerweise relativ größer und schrumpft dann über die Zeit des Heranwachsens. Das weitverbreitete Fluor in den Zahncremes und im Trinkwasser und der uns umgebende Elektrosmog schaden ihr. Es erfordert intensive Meditations- und Atemübungen, um sie zu öffnen und zu aktivieren.

Gregg Braden unterscheidet zwischen spontanen und induzierten Entscheidungen. Spontane Entscheidungen sind quasi „Hüftschüsse", die nahezu täglich von uns verlangt werden und die zum Teil eine große Tragweite haben wie z.B. Investitions- oder Desinvestitionsentscheidungen in einer akuten Finanzkrise, oder Therapieentscheidungen bei einem Herzinfarkt oder Unfall.

Hilfreich für spontane Entscheidungen ist ein „gepflegtes" Chakra-System, das man mit regelmäßigen Chakra-Meditationen erreichen kann. Auch ein „entspanntes" und ausgeglichenes Gefühlssystem, und dass man mit seinen Gefühlen im Reinen ist, sind hier von großer Bedeutung.

Aus eigener Erfahrung sollten große weitreichende Entscheidungen keinesfalls „übers Knie gebrochen werden", sondern brauchen nach maximaler Vorbereitung auch Zeit und Distanz, damit die Intuition voll greifen kann.

Induzierte Intuition wird zudem begünstigt durch die Herbeiführung eines Flow-Zustands, wobei dann während des Flows die Problemfrage gestellt wird, oder durch gezielte Meditation mit einer genauen Intention.

Spirituelle Intelligenz – für eine neue Aufklärung

Emotionale und spirituelle Intelligenz lassen sich nicht trennscharf unterscheiden, der Übergang ist in vielen Bereichen durchaus fließend.

Bei der spirituellen Intelligenz konzentriert sich der Mensch nicht allein auf sich selbst, seine Sinne und seinen Körper – sondern erweitert seinen Fokus und zieht externe „Instanzen", Dimensionen mit ein: das Universum.

Nahezu alle Kulturen – auch vergangene – berichten über einen „gewissen" nicht konkret definierten Einfluss dieser Instanz, Dimension und personalisierten diesen Einfluss und gaben ihr unterschiedliche Namen:

Odin, Wotan und viele subalterne Spezialgötter bei den Germanen, Zeus und Hera und ebenfalls viele Spezialgötter bei den Griechen, Amun bei den Ägyptern, Jahve bei den Juden, Allah bei den Muslimen und Gott und Jesus bei den Christen.

Die Intransparenz, schwere Nachvollziehbarkeit und Mystik dieses Einflusses hat in nahezu allen Kulturen dazu geführt, dass sich Priesterstrukturen bildeten, die mehr oder minder hierarchisiert den Zugang zu dieser Mystik monopolisierten, kanalisierten und gebührenpflichtig machten. Unterlegt wurde dieses Monopol mit dem Verfassen spezieller Schriften, der Bibel und dem Koran, und der Wahl besonderer Kleidungsstücke, die diese Priester von der Allgemeinheit abhob. Der Zugang oder gar die Kommunikation mit dieser Instanz wurde in Riten oder Ritualen zelebriert, die ausschließlich den Auserwählten vorbehalten waren. Eine Vertiefung erfuhr dieses Monopol durch die Bildung spezieller Personengemeinschaften, die nach besonderen Regeln lebten, ihr gesamtes Leben dieser Mystik widmeten und in speziellen Gebäuden lebten; den Orden.

Verfestigt wird der Glauben an dieses Mystikmonopol durch mehr oder minder regelmäßige gemeinschaftliche Bekenntnisbekundungen, den Gottesdiensten in den dafür vorgesehenen speziellen Gebäuden, den Kirchen oder Moscheen. Bei den Moslems wird diese Glaubensbekundung dreimal(!) pro Tag vollzogen – welch perfekte Gehirnwäsche – bei den Christen und Juden in der Regel einmal wöchentlich.

Dieser fingierte monopolisierte Zugang zur Mystik führte in einigen Fällen auch zu politischer einschließlich militärischer Macht und Steuerhoheit. Befähigte, eingeweihte Mitmenschen, die in ähnlicher Weise Zugang zu den Mysterien zur Spiritualität hatten, also Konkurrierende im Zugangsmonopol, waren wie Mystiker jeder Art, Hexen und Medizinmänner. Sie wurden zu Ungläubigen, Ketzern erklärt und auf das Schärfste verfolgt, zum Teil mit dem Tode durch öffentliche Verbrennung, oft nach vorheriger Folter, bestraft. Das Zugangsmonopol durfte in keiner Weise gefährdet werden. In der katholischen Kirche gibt es noch heute eine Nachfolgebehörde, der seit dem Mittelalter berüchtigte Inquisition. Kardinal Joseph Alois Ratzinger, der spätere Papst Benedikt der XVI. hat dieser traditionsreichen Behörde jahrelang vorgestanden.

Der Buddhismus scheint hier eine Ausnahme zu bilden. Er erhebt nicht den Anspruch einer Religion, sondern betrachtet sich als Philosophie mit dem Ziel, die Menschen glücklich zu machen. Die wissenschaftliche Erklärung dieser Dimension war bisher nicht erfolgt mangels der Möglichkeit des Zugangs eines methodisch sauberen kontrollierten Experiments. Dennoch gibt es eine Fülle unterschiedlichster Beobachtungen und Erkenntnisse in reicher Fülle und Bandbreite, die auf eine Existenz dieser „Instanz" schließen lassen. Was somit verbleibt, ist die kreative Induktion, der Schluss von einer Reihe von Einzelbeobachtungen auf eine plausible Erklärung. Beispiele wären: „Wunderheilungen" nach Meditation oder Gebet; Erfüllung sehnlichst herbeigesehnter Ereignisse – „das schickt der Himmel"; Begegnung des idealen Partners nach einer Reihe von „blanken Zufällen"; Generation „genialer kreativer Einfälle" außerhalb jeglichen Denkens; Begegnung mit Menschen, die für die persönliche Weiterentwicklung von zentraler Bedeutung sind – durch Zufall. Das Anrufen von„Engeln" mit der Bitte um Hilfe, die dann auch gewährt wurde. Die Bitte um „Wunder in der Not", das dann auch geschah.

Um mit den Grundlagen zu beginnen: Die Entdeckung der Quantenphysik um 1900 stellt das Verständnis des Universums auf eine neue Basis: Das Universum ist nicht länger leer; sondern gefüllt mit sogenannten Quanten, den kleinsten Einheiten, bestehend aus Energie in Schwingung. Diese Elemente oder Teilchen sind nichts in sich Geschlossenes oder Getrenntes, sondern sie sind mal dies oder jenes. Sie sind keine Materie als kleinste geschlossene Einheiten, sie waren nie etwas Bestimmtes, sie waren alles Mögliche. Keines dieser Teilchen hat eine für sich abgeschlossene Bedeutung, sie hat nur eine Bedeutung in Beziehung zu allen anderen. Materie ist im Grunde etwas Unteilbares. Raum und Zeit können in der definierten Form nicht aufrechterhalten werden, es gibt weder Zeit noch Raum. Das Universum ist ein dynamisches Netz von ständigen Wechselwirkungen mit allem und jedem. Wir Menschen, die Tiere und Pflanzen, sind energetische Ladungen, die Teil dieses Feldes von Energie sind.

Es widerspricht vielleicht unserer Wahrnehmung, aber: „Als Gott das Universum schuf, war seine geringste Sorge; es so zu schaffen, dass wir es verstehen!“ (Albert Einstein).

1. Die Grundlagen spiritueller Intelligenz

Wir Menschen sind nun nicht länger Objekte in einem Universum, in dem wir bedeutungslos passiv am Rande stehen, sondern wir sind aktiv Mitwirkende. Um den Urbefund der Quantenphysik zu erwähnen: Der Beobachter eines Experiments vorbestimmt durch seine Beobachtung das Ergebnis des Experiments.

Wir kommunizieren nun an jedem Tag mit diesem Energiefeld: mit Gefühlen und Gedanken. Wir sind immer mit allem und jedem in diesem Energiefeld verbunden.

Die Aura um einen Menschen und die energetischen Beziehungen zu den anderen Akteuren im Energiefeld des Universums und letztlich die Gesamtheit der Auren und Beziehungsfelder nennt Rupert Sheldrake die „morphischen Felder“. Als Biologe wendet er die Idee der Evolution auf die gesamte Schöpfung an – beginnend mit dem Urknall. Mit der Entstehung des Lebens auf der Erde haben sich insgesamt und pro Gattung morphische Felder gebildet, in denen das Gedächtnis und die Verfolgung der Entwicklung der Spezies gespeichert werden. Alle jemals von Menschen gedachten Gedanken sind in diesem Feld gespeichert wie in einer gigantischen Datenbank. Dieses Feld dient der Förderung der weiteren Evolution. Die Kommunikation und Interaktion mit diesem Feld, dem eigenen und dem der eigenen Gattung könnte man als die geheimnisvolle „Mystik“ lesen, dem Resonanzboden der eigenen Gedanken und Gefühle; und damit auch der Meditationen und Gebete. Albert Einstein: „This force explains everything and gives life a sense in capital letters. This is the variable that we have ignored for too long because it is the only power in the universe that man has not learned to control according to his will".

In diesem Zusammenhang und aus diesem Grund lässt sich spirituelle Intelligenz auch nicht in negativer – dysfunktionaler – Absicht entgegen der Evolution anwenden. Und in diesem Gesamtkontext sind wir alle Teil der spirituellen Welt verbunden durch das morphische Feld zusammen mit unseren Ahnen. Im Umkehrschluss gibt es keine hierarchische Überordnung uns gegenüber, die Gehorsam verlangt und mit einem jüngsten Gericht und ewiger Verdammnis droht.

Was die Akzeptanz der spirituellen Intelligenz und damit letztlich nach wie vor auch der Quantenphysik im Kreis der etablierten Wissenschaft begrenzt, ist der mangelnde Existenzbeweis in einem kontrollierten Beweis der dreidimensionalen Welt sowie die Nichtplanbarkeit und die Nichtbeherrschbarkeit. Das Universum „reagiert nicht auf Kommando". Wenn man um Hilfe bittet, erfolgt in der Regel eine positive Reaktion, meist aber anders als man denkt oder erwartet – und meist auf irgendeine Weise witzig – „das Universum hat Humor".

Die im Folgenden dargestellten intelligenten „Vorgehensweisen" oder „Techniken" wirken in einer weit überwiegenden Anzahl von Fällen, nicht zu 100 Prozent. Wobei allerdings generell gilt, dass es Wünsche keinesfalls erfüllt, die auf ein negatives Ergebnis, für sich selbst, für andere und eine größere Anzahl von Menschen abzielt.

2. Gedanken schaffen Realität

Gedanken sind Energie und diese energetischen Eruptionen steigen ins Universum und verbinden sich mit dort bereits vorhandenen resonanten Energiefeldern – bis sie sich zu Materie manifestieren. Eine der eingängigsten Formen der Manifestation ist der „Bestellservice beim Universum". Unter Titeln wie: „Erfolgreich wünschen" oder „Bestellservice beim Universum" gibt es eine Reihe von gut lesbar geschriebenen Anleitungen, wie dies funktioniert. José Silva in der „Silva Mind Control Methode" und Joe Dispenza in „Becoming Supernatural" haben die bezüglichen Vorgehensweisen ausführlich dargestellt.

Die Regeln sind im Wesentlichen die gleichen.

- Herbeiführen einer gewissen Entspannung (Alpha-Zustand)
- Klare kurze und eindeutige, konkrete und positive Formulierung des erstrebten zukünftigen Zustandes – keine allgemeine Wunschformulierung
- Vermeidung von Negierungen
- Zuwendung zu einem anderen Thema
- Artikulation von Dank an das Universum bei Erleben der Wunscherfüllung.

Diese Vorgehensweise bewährt sich bei der Suche von Parkplätzen in überfüllten Städten, dem Auffinden verlorener Gegenstände, dem Finden seines Traumpartners, dem Finden seines Traumjobs, der Steigerung seines Vermögens.

Interessanterweise ist nicht vorhersagbar, auf welche Weise das Universum die Wünsche erfüllen wird, meist erfolgt dies auf völlig überraschend kreative Weise.

Dem breiten Publikum wurde dieser „Weg der Traumerfüllung" bereits mehrere Male im Fernsehen vorgestellt; eine breite Durchdringung der Öffentlichkeit hat dies Phänomen nicht erreicht – zu tief ist die Denkblockade aufgrund der Logikdominanz.

Doch auch der Umkehrschluss gilt: Negative Gedanken und Sorgen manifestieren sich in gleicher Weise. Wer permanent darüber nachdenkt, dass er seine Schulden nicht bezahlen kann, bekommt immer mehr Geldsorgen.

Wir kennen die Self-fulfilling prophecy, wer permanent über seine Krankheiten nachdenkt und immer neue fürchtet, wird immer neue bekommen, wer permanent Angst vor dem Tod hat, wird wohl nicht mehr lange leben.

Insofern ist es dringend angezeigt, seine Gedanken zu beobachten, zu kontrollieren und auch zu disziplinieren. Ansonsten droht man abzudriften und manifestiert sein eigenes Unglück. Die oben erwähnten Placebo- und Noceboausführungen sind als Beispiele zu diesen generellen Ausführungen zu sehen.

3. Spirituelle Heilung

Heilung im spirituellen Sinne erfolgt grundsätzlich durch Freisetzung und Aktivierung der Kräfte des körpereigenen Immunsystems durch Ausschaltung der selbstinduzierten Blockaden durch Betaschwingungen. In den Millionen von Menschengenerationen vor uns haben nur diejenigen überlebt und konnten sich fortpflanzen, die ein überlegenes Immunsystem aufweisen konnten. Die anderen wurden im Laufe ihres Lebens „ausgemendelt". Und dieses Immunsystem ist so vielseitig und stark, dass es quasi die meisten Krankheiten heilen kann, zudem ist es lernfähig, um neue Krankheiten ebenfalls besiegen zu können.

Die Selbstheilung ist jedem Menschen möglich, sofern er hinreichend in der Lage ist, das autonome Nervensystem – hier das Immunsystem – durch tiefe Entspannung und Konzentration „in Stellung zu bringen". Meditation ist hier für eine bestmögliche Vorbereitung. Durch Meditation wird eine innere Balance (wieder-)hergestellt und durch Schwingungskohärenz in der Regel im Alpha- oder Theta- Bereich messbar.

Meditierende sind gesünder und leben länger:

- Meditierende erkranken halb so häufig an Krebs wie Nichtmeditierende.
- Regelmäßig Meditierende haben um bis zu 73 Prozent weniger Atemwegserkrankungen.
- Meditierende haben um bis zu 87 Prozent weniger psychische Krankheiten, wie zum Beispiel Angststörungen und Depressionen.
- Meditation hilft bei auch chronischen Schmerzen, Hautkrankheiten, Allergien und Arteriosklerose.

Die entsprechende Literatur der spirituellen Medizin enthält Unmengen von Heilungserfolgsmeldungen zu nahezu jeder Erkrankung. Eine interessante Variante ist, dass durch die gezielte Lenkung der Energie auf bestimme erkrankte Körperteile während der Meditation eine Heilung herbeigeführt werden kann.

Ich selbst wurde bei mehrfachen Teilnahmen an einwöchigen Advanced Seminaren von Joe Dispenza regelmäßig Zeuge von Spontanheilungen und durch Massenmeditation herbeigeführten Gruppenheilungen.

Beim wiederholten gemeinsamen Meditieren von rund 1.400 Teilnehmern, teilweise über mehrere Stunden, entsteht eine derart hohe Energie im Delta-, Theta- und zum Teil im Gamma-Bereich, dass durch die Schwingungsdichte und -intensität Spontanheilungen erfolgen.

Bei einem Advanced Seminar in Berlin im Frühjahr 2018 beispielsweise, ließ sich ein älterer Mann am ersten Tag im Rollstuhl in dem Seminarsaal fahren; seine Depressivität und sprichwörtliche „negative Energie" war für die anderen Seminarteilnehmer deutlich fast körperlich zu spüren. Er zelebrierte quasi seine Hinfälligkeit, wenn er sich mitsamt seinem Rollstuhl über die einzelnen Etagen des Seminarraumes tragen ließ. Über die Tage wurde er zu zusehends entspannter, aufgeschlossener, „fröhlicher" und am fünften

Tag ließ er sich nach vorn vor das Podium fahren, stand – zwar schwankend – aus einem Rollstuhl auf und berichtete dem Publikum von seiner Heilung.

Bei dieser Veranstaltung war ich selbst zum ersten Mal an einer solchen Heilungssitzung beteiligt, und ich muss gestehen: Ich war stark verunsichert – wie konnte es sein, dass ich an einer Heilung mitwirken sollte?! Nach einer ausführlichen Vorbereitungsmeditation im Gehen mit einem MP3-Player wurden wir in den Saal geführt, in dem die ebenfalls mit einer anderen komplementären Meditation vorbereiteten Patienten lagen. Zu acht gruppierten wir uns um die Patienten und führten eine von Joe geführte Heilungsmeditation durch. Und nun erlebte ich eine Überraschung: Der Energiestrom von oben durch meinen Kopf und über die Hände auf den Patienten war so stark und intensiv, dass mein gesamter Arm schüttelte und ich keine volle Kontrolle mehr über meinen Körper hatte. Nur mit großer Mühe konnte ich die unglaubliche Energie über die Hände auf den Patienten leiten. Dieser hob sich durch die Energiezufuhr um circa 5 Zentimeter von Boden ab. Nach der Sitzung berichtete er, er sei währenddessen von einem starken, warmen, unglaublich schönen Strom durchflutet worden und „habe Liebe gespürt, wie noch nie in seinem ganzen Leben". Die Heilungsergebnisse stellen sich meist nach einiger Zeit ein.

In Cancun, Mexiko, ebenfalls 2018, betrat am ersten Tag des Seminars ein junger blinder Australier mit einem Blindenstock den Saal. Über die Tage schien er seine Blindheit mithilfe des Stocks gut im Griff zu haben, er fiel nicht weiter auf und brauchte auch keine besondere Hilfe. Am sechsten Tag sah ich ihn wie ein „normal Sehfähiger" ohne Stock eine Treppe hinauflaufen.

In Alcudia, Mallorca 2019, berichtete eine etwa 40-jährige Engländerin den Teilnehmern, sie hätte auf der Grundlage des Buches „Du bist das Placebo" von Joe Dispenza begonnen, weil sie kein Geld für eine Seminarteilnahme hatte, eigenständig gegen ihren Krebs vierten Grades anzumeditieren: „Because I was so fucking in love with life" und wäre jetzt seit rund vier Monaten weitgehend krebsfrei. Aufgrund ihres Heilerfolges war sie zu diesem Seminar eingeladen worden.

Auf der gleichen Grundlage sind Fernheilungen möglich. Die Teilnehmer einer Fernheilung schalten sich über einen Online-Messenger idealerweise zur gleichen Zeit zusammen. Sie beginnen mit einer mentalen Versammlungskonzentration auf sich selbst im Herzchakra und bilden dann durch Meditation im Alpha- und Theta- Zustand eine möglichst starke Aura-Ausstrahlung, die dann mit Heilungswünschen in das Feld an den Patienten, von dem ein Foto zur Fokussierung der Wünsche vorliegt, abgesandt werden. Dazu wird die Aura auf die Hände konzentriert und die Schwingungen der Aura über die Hände an den Patienten gesandt. Der Patient hat sich mit einer entsprechenden Komplementärmeditation auf den Empfang dieser Energieschwingungen vorbereitet.

Auf dem Seminar in Alcudia hat sich eine Gruppe von acht Teilnehmern spontan zusammengefunden: zwei Schotten, zwei Sambierinnen, zwei Deutsche, eine Kanadierin und eine Schweizerin. Wir beschlossen, zwei Mal pro Woche zu einer bestimmten Zeit uns zusammenzuschalten, um einen Patienten aus dem Bekanntenkreis mit Energieschwingungen zu heilen. Vorher wurden ein Foto und eine Kurzbeschreibung herumgemailt, um Synchronität zu ermöglichen. Um von einer unserer Heilungen zu berichten:

Bei einem befreundeten ehemaligen Top-Manager eines Dax-Unternehmens wurde nach dem Tode seiner Frau, mit der er in sehr langer sehr glücklicher Ehe zusammengelebt hatte, ein Krebs vierten Grades mit Metastasen im gesamten Körper diagnostiziert. Nach zahlreichen umfangreichen Behandlungen in namhaften Kliniken im Münchner Raum war er schließlich als unheilbar entlassen worden. „Um mich herum standen vier Professoren und meinten, sie könnten für mich nichts mehr tun, ich möge nach Hause gehen und meine ‚Angelegenheiten regeln'", berichtete er. Nach dem Alcudia-Seminar mit der krebsgeheilten Engländerin rief ich ihn spontan an und bot ihm an, in der Gruppe für ihn zu meditieren. Er war zunächst – als deutscher Jurist – skeptisch bis ablehnend und meinte, er würde dem Urteil seiner Ärzte vertrauen, die seien seriös. Dies sei nun mal sein Schicksal.

Erst durch Intervention seiner Schwester, die sich in alternativer Medizin auskannte, war er überhaupt bereit, sich auf ein solches Experiment einzulassen: „Es war nur eine Meditation." Wir planten mit ihm insgesamt vier Heilungsmeditationen.

Nach der ersten Sitzung – wie gesagt heraus aus fünf verschiedenen geographischen Standorten heraus zu ihm nach München – verspürte er noch wenig: „so ein leichtes Kribbeln im ganzen Körper und eine angenehme Wärme".

Beim zweiten Mal spürte er eine warme Welle über den gesamten Körper. Sein Arzt bestätigte ihm etwas später deutlich verbesserte Blutwerte, er fühle sich besser und konnte auch besser hören. Nach dem dritten Mal konnte er bereits aus dem Rollstuhl aufstehen.

Nach dem vierten Mal war er in der Lage, die ersten kleineren Spaziergänge im schönen Chiemgau zu unternehmen. Seine Freunde äußerten sich sehr erstaunt über sein deutlich besseres Aussehen. Er meditierte nun konsequent täglich. Dem Arztprotokoll war zu entnehmen: „Dies ist ein außergewöhnlich guter Therapieverlauf bei einer prognostisch schlechten Lymphomerkrankung." Er bestätigte, er habe seinen Krebs „im Griff", von Unheilbarkeit sei keine Rede mehr, und die damaligen Professoren hätten sich erstaunt über den Krankheitsverlauf geäußert.

In einem Telefonat vor einigen Tagen teilte er mir überglücklich mit, sein Arzt hätte nun keinen Krebs mehr bei ihm gefunden; er wolle jetzt nach Italien in sein Ferienhaus fahren.

Inzwischen hat sich eine Gruppe von forschenden Medizinprofessoren aus Kalifornien der Auswertung der Heilungsergebnisse der Advanced Seminare von Joe Dispenza angenommen und in dem Film „Source" präsentiert. Neben den Testimonials von diversen Geheilten werden messbare Effekte der Veränderung der Pulsfrequenzen, Blutzusammensetzung und Nervenströme, sowie der partiellen Veränderung der Gehirnstrukturen erläutert. Als Quintessenz wird eine grundlegende Neuausrichtung der medizinischen Denkstrukturen gefordert, in Richtung auf eine Öffnung gegenüber geistigen und spirituellen Kategorien.

Persönlich kann ich von einer meditativen Heilung meines linken Knies berichten: Seit 15 Jahren hatte ich Probleme mit dem linken Knie. Beginnend mit erfolglosen Operationen von Meniskus und Arthrose, Stammzelleninjektionen und schließlich Sepsis mit multiresistenten Bakterien und völliger Abnutzung des Knieknorpels begann ich mit gezielten Mehrfachmeditationen pro Tag das Knie selbst zu heilen, unter regelmäßiger Gymnastik und Bewegung. Nach einem halben Jahr zeigten sich die ersten Knorpelbildungen, nach einem weiteren Jahr war der Knieknorpel fast vollständig wiederhergestellt und ich konnte längere Strecken schmerzfrei gehen.

Schließlich eine Erkenntnis aus der neueren Krebsforschung: Es besteht die fundierte Hypothese, dass Krebs entsteht durch Herz-Gehirn-Inkohärenz, das heißt, die Gehirnschwingungen – in diesem Falle die hektischen, logikbasierten Beta-Schwingungen – sich nicht im Gleichklang befinden mit den ruhigeren gleichmäßigeren Herzschwingungen. Dies führt zu Erkrankungen, unter anderem sehr häufig zu Krebs. Eine weltweite Erhebung der World Health Organization aus dem Jahre 2021 zeigt mit einer Krebserkrankung je 100.000 bei westlichen industrialisierten Ländern von durchschnittlich < 257,1 – Australien 468, USA 368,1, Frankreich 344,1 UK 319,1, Deutschland 313,1 – und den meditierenden Ländern wie Indien, Pakistan, Indonesien von etwa 40. Sollte es hier einen Zusammenhang geben?

4. Radionik

Mit der Radionik wurde zu ersten Mal der Versuch unternommen, die in den morphischen Feldern gespeicherte Information zu erfassen, zu analysieren und ggfs. wieder in Harmonie und Einklang zu bringen, und damit – quasi maschinell – Krankheiten zu heilen. Radionik ist eine Wortkombination aus Radiästhesie (Schwingungsempfindung) und Elektronik. Es ist meiner Kenntnis nach die einzige Methodik, spirituelles „Wissen" digital zu erfassen und zu beeinflussen. Entwickelt wurde die Methode von dem Pathologen Albert Abrams um 1920 und von Peter-Raphael von Buengner in Deutschland weiterentwickelt. „Physik und Traumzeit, Erstaunliche Gemeinsamkeiten von moderner Physik und Naturheilverfahren".

Ich erwähne diese Methodik, weil ich seit circa 20 Jahren äußerst positive Erfahrungen mit der Variante „Quantec“ gemacht habe und sie mir als besondere, fortgeschrittene Variante der spirituellen Heilungsintelligenz erscheint. Zudem ist Radionik ein Einstieg, gemeinhin ausschließlich personenbezogene, „esoterische Information“ auf „quasi naturwissenschaftliche Art und Weise“ abzugreifen und zu gestalten.

Der Zutritt zum morphischen Feld der Zielperson erfolgt über ein digitales Foto sowie das Geburtsdatum. Diese Codierung wird über eine spezielle Antenne ins morphische Feld versendet. Das Einschwingen auf die „morphische Feldadresse“ erlaubt den Zugang zu sämtlichen bis dahin aufgelaufenen Informationen über die Zielperson, ihre Analyse sowie das Aufspüren von Schwachstellen, Disharmonien und Ungleichgewichten hinsichtlich der Psyche und Physis.

So beispielsweise war es möglich, von Deutschland aus per Radionik eine Krankheitsdiagnose für einen Patienten in den USA zu erstellen – der dann die ermittelten Befunde unmittelbar bestätigte.

Zur Heilung oder „Reharmonisierung“ der diagnostizierten Krankheit lassen sich wiederum Heilungsschwingungen an den Patienten senden, die spätestens nach circa 1 Woche Sendezeit normalerweise positive Effekte erzielen.

Meine Ärztin benutzt Quantec seit 20 Jahren und hat damit bei Diagnosen und Therapien die besten Erfahrungen gemacht. Ich selbst wurde sechsmal damit erfolgreich behandelt.

Die Gruppen-Energie-Meditationsheilungen, die wir in einer Gruppe von acht Personen regelmäßig in verschiedene Teile der Welt vornehmen, basieren auf einem ähnlichen Prinzip und benutzen das Foto des Patienten ebenfalls als Adresse der Sendungsbemühungen.

Die Anwendungsbereiche von Quantec sind vielfältig über alle Bereiche der Medizin und Umweltsanierung. Die Stadt Berlin beispielsweise hatte große Probleme mit zwei Seen, die sich mitten im Stadtgebiet befinden. Diese Seen waren nicht nur biologisch tot, sondern so verseucht, dass sie die Anwohner durch klärgrubenartige Gerüche stark belästigten. Namhafte Wassersanierer hatten sich bereits erfolglos um die Rettung dieser Seen bemüht. Der Einsatz von Quantec war so durchschlagend, dass innerhalb von nur drei Wochen die Geruchsbelästigung eliminiert war, die Seen wieder zurück ins biologische Gleichgewicht kamen und sogar die Fische sich wieder in den Seen ansiedelten. Das Empfehlungsschreiben des Berliner Senats liegt vor.

Die nur begrenzte Verbreitung dieser Methodik in Medizin und Umweltsanierung basiert wiederum auf dem „Blasenphänomen“: Was nicht Teil der Mainstreambewusstseinsblase der vorherrschenden Wissenschaft ist, wird an der Weiterverbreitung gehindert, wenn nicht gar verboten; wie oben in der Logikdominanz geschildert.

Wie bereits oben dargestellt, schließt der mechanistische Systementwurf der Schulmedizin (Therapie der Symptome und nicht der Ursachen sowie Ausschluss emotionaler und spiritueller Kategorien) umfassende, medizinisch relevante Phänomene von der Untersuchung und Therapie aus. Durch die darauf basierenden Testanforderungen wissenschaftlicher Untersuchungen wird dies folgerichtig herbeigeführt. Da die auf schulmedizinischem Sachverstand basierenden Honorarleistungen der Versicherungen und der Gutachten vor Gesicht wird diese Fehlentwicklung weiter verfestigt und geradezu „einbetoniert“. Ein offizieller wissenschaftlicher Fortschritt ist nur innerhalb bestehenden „Blase“ möglich.

Ostasiatische Spiritualität

Die ersten Ursprünge der nordindischen, auf den Südhängen des Himalaya entstehenden Kultur stammen aus der Zeit 1200 bis 900 v. Chr. mit den vier Samhitas (Sammlungen) der Veden: der Rigveda-Samhita (Hymnen), der Samaveda-Samhita (Lieder), der Vajurveda-Samhita (Opferformeln) und der Atharvaveda Samhitas (Wissenssammlung).

Ebenfalls in Nordindien lebte um 500 v. Chr. Siddharta Gautama geboren als Sohn eines Kleinkönigs. Als junger Mann verließ er Frau und Kind „auf der Suche nach Erleuchtung". Nach dem Kontakt mit zahlreichen überlieferten Religionen und deren Ritualen entschied er sich für einen eigenen Weg in der Meditation dem „Mittleren Weg" in Vermeidung der Extreme anderer Religionen. Im Alter von 35 Jahren erreichte er das vollkommene Erwachen – und wurde zum Buddha.

Auf der Grundlage dieser vielfältigen Überlieferungen und Traditionen entstand eine religiös-spirituelle Kultur, die sich unter anderem in drei wichtigen Aspekten von den großen sogenannten Weltregionen Christentum, Islam und Judentum unterscheidet:

Die Religionsausübung erfolgt weitgehend ohne jegliche Struktur, Gruppierung, Hierarchie, finanzielle Verpflichtung, Versammlungsgebäude etc. Die Gläubigen sind völlig frei in ihrer Glaubenspraxis.

Das Ziel des Glaubens ist das Streben nach persönlichem Glück des Gläubigen – und ohne jegliche Unterwerfung unter fremde Autoritäten und deren Ansprüche.

Die Gläubigen streben nach einer intimen und informierten Vertrautheit mit der Existenz, der Struktur und den Gesetzmäßigkeiten des Universums.

Die auf diesen Ursprüngen basierende im Wesentlichen indische, tibetanische, nepalesische, buddhistische Spiritualität oder Philosophie beinhaltet interessanterweise die neuesten Erkenntnisse der Quantenphysik, Neurologie, Hirnforschung, Psychologie, Philosophie und alternativen Medizin. Oder um es mit einer anekdotischen Episode der Begegnung eines modernen Quantenphysikers mit dem Dalai Lama auf den Punkt zu bringen: Der Quantenphysiker will dem Religionsoberhaupt über seine neuesten Forschungsergebnisse berichten, worauf dieser antwortet „Nun seid Ihr endlich auch angekommen?"

Der westliche Kulturkreis mit seiner fundierten materialistischen Grundlage hat sich erst sehr spät und auch nur sehr allmählich den Einflüssen der ostasiatischen Spiritualität geöffnet – und dies trotz der schier unglaublichen Potenziale und der beispiellosen Offenheit der Yogis.

Aus der Breite der unterschiedlichen Einflussnahmen möchte ich sechs Persönlichkeiten herausgreifen:

- Baird Spalding: „Life and Teaching of the Masters of the Far East“
- Maharishi Mahesh Yogi
- Paramahansa Yoganada
- Swami Rama
- Deepak Chopra
- Joe Dispenza

1. Baird Spalding: „Life and Teaching of the Masters of the Far East"

Baird T. Spalding besuchte zwischen den Jahren 1894 und 1898 gemeinsam mit elf anderen Wissenschaftlern Indien, Tibet, Nepal und Persien und veröffentlichte 1924 seinen Bericht unter dem Titel „Life and Teaching of the Masters of the Far East" in sechs Teilbänden. Er war der Meinung, die Welt wäre vorher nicht reif gewesen für seine Botschaften.

Von Anbeginn der Reise wurden sie in den jeweiligen Ländern sehr gastfreundlich aufgenommen, bereisten die Länder ohne jegliche Beschränkungen und konnten am Leben der spirituellen Führer teilnehmen. Sie hatten Gelegenheit, die spirituellen Praktiken und besonderen Fähigkeiten und deren Ursprünge ausgiebig zu diskutieren und hinterfragen.

Die Expedition begann in Indien. Als sich innerhalb der Gruppe ein kleineres vordergründiges Problem auftat, stellte sich Ihnen ein Yogi namens Emil vor: „Er wüsste um das Problem innerhalb der Gruppe und bot seine Hilfe an". Niemand aus der Gruppe hatte sich gegenüber Außenstehenden geäußert. Emil entpuppte sich als intim informiert und lieferte die geeignete Lösung des Problems. Am folgenden Tag standen sie in der Gruppe beieinander, als eine Taube über ihnen kreiste. Emil stand ruhig in der Mitte, und die Taube landete auf seinem Arm. Sie hatte eine Botschaft für Emil von seinem Bruder. Dies sei eine übliche Art der Kommunikation, meinte Emil, neben der einfachen Gedankenübertragung. Ansonsten könne er Vögel zu sich rufen und ihnen Aufträge erteilen.

Emil entwickelte sich zunehmend zu einem Vertrauten der Gruppe und begann ihr Einweisungen und Einführungen in die Grundlagen der indischen Spiritualität zu geben. Ein wichtiges Thema war der 16 Jahre dauernde Aufenthalt von Jesus in Tibet während seiner jüngeren Jahre, in denen er eine gründliche Einweisung in die Lehren, Praktiken und Rituale erfuhr. Der aktuelle Dalai Lama erwähnte kürzlich in einem Interview „als Jesus bei uns war", und bezeichnenderweise enthält die Bibel bei der Schilderung des Lebens Jesu keinerlei Angaben über diesen Zeitabschnitt. Als Grundlage dieser außerordentlichen, sichtbaren Fähigkeiten bezeichnet Emil die Erschaffung oder Erarbeitung eines ganz besonderen Bewusstseins, das uns eins sein lässt mit dem Universum und uns nicht trennt durch unser Ego.

Die Gruppe beschloss, sich unter Leitung und Führung von Emil zur weiteren Expedition ins Hinterland des Himalaya zu begeben. Während dieser normalen Tagesabläufe wurden die außerordentlichen, übernatürlichen Intelligenzen der indischen „Heiligen" deutlich: Auf der Trekkingtour in die Berge überquerte man einen Fluss und ging – mangels einer Brücke – einfach zu Fuß hinüber. Emil lässt die Gruppe vorwegmarschieren und verspricht ein Zusammentreffen in sechs Tagen am Zielort. Dort angekommen erwartet ihn die Gruppe in einer Art Herberge in einem geschlossenen Raum; plötzlich erscheint Emil, ohne durch die Tür eingetreten zu sein, und als er feststellt, dass es einen Mangel an Essen gibt, füllt er den Tisch mit allem Nötigen für alle Expeditionsteilnehmer. Alles, was zum Leben gebraucht wird, wird „herbeimanifestiert".

In den folgenden Tagen gibt es ein Zusammentreffen mit der Mutter von Emil. Sie ist um die 200 Jahre alt und entscheidet selbst, ob sie im Diesseits präsent sein will – oder vorübergehend im Jenseits weilen will. Der Tod ist für sie keine finale Dimension. Sie kann hin- und herwandern ohne Reinkarnation.

Die Gruppe entscheidet, sich in fünf Teilgruppen aufzuteilen und nach Persien, China, Tibet, Mongolei und Indien zu reisen, um weitere Erfahrungen zu sammeln.

Ich möchte die Kurzfassung des Reiseberichts hier abbrechen, weil sich die „Muster der Wunder" wiederholen.

Am Ende der Expedition entscheiden sich drei der Teilnehmer, in Indien zu bleiben, um die spirituellen Fähigkeiten zu erlernen und in Indien zu leben.

Die in der Bibel eindrucksvoll berichteten Wunder von Jesus Christus und die darauf basierenden „Gefolgschaften" in Israel erscheinen vor diesem Spektrum von Schilderungen in einem durchaus anderen Licht.

2. Maharishi Mahesh Yogi

Der erste indische Yogi mit erheblichem Eindruck und Einfluss auf die westliche Esoterik und Spiritualität war ohne Zweifel Maharishi Mahesh Yogi ab dem Jahre 1959. Geboren 1918 absolvierte er eine akademische wie auch eine spirituelle Ausbildung, wurde allerdings kein Priester. 1958 gründete er in Madras das „Spiritual Regeneration Movement" im Auftrag seines geistigen Lehrers. Er hatte in Indien damit wenig Erfolg und ging nach Kalifornien. Er propagierte Meditation als einfachen Weg zu Glück und Erfüllung und letztlich zum „kosmischen Bewusstsein", womit alle Probleme lösbar wurden und die Menschheit sich hin zum Göttlichen hin transformieren könnte. Er traf damit den Zeitgeist der aufkommenden Hippiebewegung und hatte großem Erfolg. Als die Beatles auf ihn aufmerksam wurden und ihn in Indien besuchten – mit immenser Publicity – konnte er seine Meditationstechnik, die auf einem Mantra basierte – über die westliche Welt ausrollen. Andere Showgrößen schlossen sich den Beatles an.

Neben der Verbreitung der Transzendentalen Meditationstechnik veröffentlichte er einen Kommentar zu den vedischen „Bhagavadita", um eine Wiederbelebung des traditionellen alten indischen Wissens zu initiieren.

Bekanntgeworden ist darüber hinaus der sogenannte Maharishi-Effekt. Als solcher wird der Effekt bezeichnet, den größere Gruppenmeditationen auf einen Anteil der umgebenden Bevölkerung ausüben. Mehrere Studien haben gezeigt, dass, wenn mehrere Menschen gleichzeitig meditieren, dies einen energetischen Welleneffekt auf das Bewusstsein der Menschen in der Umgebung hat. Auch Nichtmeditierende werden durch die Auswirkungen der Gruppenmeditation beeinflusst. Effekte, die in den Studien durch die Gruppenmeditation gemessen werden können, sind ein Rückgang von Kriminalität, Unfällen, gewalttätigen Aktivitäten oder Krankheit. Positive Trends zeigen sich auch in Wirtschaft – sinkende Inflation und Arbeitslosigkeit – und Politik. Für einen globalen Maharishi-Effekt seien 8.000 Personen an einem Ort notwendig. Die verwendete Meditation in diesen Versuchen war die Transzendentale Meditation. Maharishi Yogi wurde zu einer der führenden geistigen Persönlichkeiten des vergangenen Jahrhunderts ernannt. Er starb am 5. Februar 2008 in Amsterdam.

3. Paramahansa Yogananda

Der indische Großguru Sri Yukteswar Giri sandte aus seinem Ashram seinen Meisterschüler Paramahansa Yogananda 1920 in die USA, um die Botschaft der indischen Spiritualität in die westliche Welt zu tragen, bekannt zu machen und zu verbreiten. Dieser gründete das Self-Realization Fellowship Hermitage in Encinitas, Kalifornien und kann als „Vater des Yoga im Westen" bezeichnet werden. Seine „Autobiography of a Yogi" gilt als Standardwerk des spirituellen Yoga.

Er berichtet über zahlreiche Phänomene, die nach westlichen Standards undenkbar sind, als Wunder gelten und die physikalisch unmöglich sind:

Ein Yogi lebt in zwei Körpern gleichzeitig – Swami Pranabanda. Durch schiere Willenskraft bezwingt ein Yogi einen angreifenden Tiger. Nagendra Nath Bhaduri der „schwebende Heilige" hebelt durch Atemtechnik die Schwerkraft aus und schwebt beliebig durch die Räume. Giri Bala benutzt eine spezielle Yogatechnik, um ihren Körper „mit kosmischer Energie vom Äther, der Sonne und der Luft" zu versorgen. Sie war niemals krank.

Während seiner Zeit im Westen initiierte Yogananda mehr als 100.000 Yogastudenten. Er veröffentlichte 27 Bücher.

4. Swami Rama

In „Living with the Himalayan Masters" beschreibt Swami Rama seine Entstehung. Sein Vater, ein spirituell gebildeter Landbesitzer, begibt sich in fortgeschrittenem Alter zu einer spirituellen Pilgerreise und begegnet dort einem sehr berühmten Master, der ihn binnen einer Woche initiiert. Nach dieser Woche sendet der Master ihn zurück zu seiner Familie mit dem Auftrag, einen Sohn zu zeugen, der ihm, dem Guru, folgen solle; und das im Alter von 60 bzw. von 43 Jahren seiner Frau.

Der Sohn wurde geboren und als er drei Jahre alt war, erschien der Guru, flüsterte dem Kind ein Mantra ins rechte Ohr, das dieser sofort wiedererkannte. Seitdem begann eine mentale Fernbeziehung mit dem Master. Nachdem die Eltern bald verstarben, folgte Swami Rama dem Guru in die Berge und es begann eine jahrzehntelange Initiierung.

Nachdem ein spirituelles Fundament gelegt war, sandte ihn der Master zu allen wesentlichen Gurus, um seine Ausbildung maximal zu erweitern und abzurunden.

Es werden nur einige seiner ausgewählten Lernerfahrungen zitiert:

Mit Mataji in Kamakhya kommunizierte er ohne Worte in totaler Stille und lernte von ihr die besonderen Merkmale der vier Stufen der geistigen Verfassung: Wachen, Träumen, Schlaf und „turiya" – die Stufe jenseits, erreichbar durch eine spezielle Art der Meditation. In ihrer Gegenwart zu sein, erfüllt ihn mit einem Gefühl „wie im siebten Himmel".

Devraha Baba in Uttar Pradesh soll über 150 Jahre alt geworden sein. Er praktizierte regelmäßig eine spezielle Art von Yoga und Atemtechnik und ernährt sich ausschließlich von Gemüse und Früchten.

Vishnu Maharai in Uttarkashi war bekannt für seine Kompetenz zu den Upanishaden, den alten Urtexten und Grundlage der indischen Spiritualität, die von den alten Weisen im Zustand der Kontemplation und Meditation

„empfangen" wurden. Durch intellektuelle Bemühungen sind sie keineswegs zugänglich, bestenfalls durch Intuition in tiefer Meditation.

Hari Om in der Nähe von Shringar weigerte sich, die Augen zu öffnen. Er empfand eine solche Freude mit geschlossenen Augen, dass er keinen Grund fand, sie zu öffnen; er sah ohnehin alles. „Die Sinne sind begrenzt, sie erkennen nur begrenzte Schönheiten von begrenzten Objekten. Der meditierende Yogi schließt die Augen zur Öffnung der inneren Augen, und diese Augen sind sein gesamtes Sein."

Maharishi Raman in Arunachla wird von dem bereits reifen und als Shankaracharva – hohem Priester – etablierten Swami Rama aufgesucht. Die Nähe und charismatische körperliche Präsenz des Maharishi Raman anlässlich der Meditation zum Thema „Wer bin ich?" bewegen Swami Rama dazu, die Position in der spirituellen Hierarchie aufzugeben und sich wieder in die Einsamkeit einer Enklave zurückzuziehen; der Einsicht folgend, dass die höchste Stufe der Spiritualität – die Erleuchtung – nur durch einen selbst erreicht werden kann und nicht durch die Hilfe anderer.

Sri Swami Brahmananda Saravati in Chittrakot wird von Swami Rama wegen seiner Erkenntnisse im Bereich Bliss („Glückseligkeit", interessanterweise gibt es im Deutschen keinen passenden Begriff ohne negative Nebenbedeutung) aufgesucht. Sri Swami ernährt sich von einem Minimum von gekeimten Samen mit ein wenig Salz. Er erzielt den Bliss durch sequenzielle meditative Aktivierung der Chakren.

Im Austausch mit diversen Gurus ist das selbstbestimmte Sterben ein Thema: der Übergang von einem Zustand des Seins in den nächsten. Wenn die „Heiligen" in der gegenwärtigen Daseinsform genügend Erfahrungen gemacht und genug gelernt haben, wechseln sie selbstbestimmt in die nächste. Eine Form der Einleitung des Sterbens ist eine besondere Form der Meditation auf den Solarplexus.

5. Deepak Chopra

Deepak Chopra wurde 1946 in Neu-Delhi geboren und von dem bekannten „Himalaya-Guru" Sathya Sai Baba initiiert.

Er ging in frühen Jahren in die USA und studierte Medizin, beschäftigte sich daneben von Anfang an basierend auf seinem hinduistischen Hintergrund mit alternativen Heilmethoden. Er gründete 1996 zusammen mit dem Neurologen David Simon das „Chopra Center of Wellbeing" in San Diego, später Carlsbad, Kalifornien.

Die medizinische Hochschule der University of California, San Diego (UCSD) unterhält eine Kollaboration mit Deepak Chopra zur Untersuchung, wie Meditation, Yoga und Ernährung die menschliche Gesundheit beeinflussen.

Chopra hat eine Professur an der UCSD inne. Er ist der Gründer der Chopra Foundation. Er hat mehr als 85(!) Bücher verfasst, die in über 43 Sprachen übersetzt wurden. WorldPost und die Huffington Post zählen Dr. Chopra zu den 17 einflussreichsten Denker der Welt und zu Nr. 1 im Bereich der Medizin. Time Magazine benannte Dr. Chopra zu den „Top 100 Helden und Ikonen des Jahrhunderts".

Neben der weltweiten Öffentlichkeitswirkung von Maharishi Yogi hat Deepak Chopra sicherlich massiv dazu beigetragen, die wissenschaftliche Akzeptanz der hinduistischen alternativen Medizin sowie ihre Integration in die westliche Schulmedizin zu fördern.

6. Joe Dispenza

Joe Dispenza ist ein US-amerikanischer Trainer und Coach der fernöstlichen Spiritualität. Als sein Schlüsselerlebnis bezeichnet er eine spektakuläre spirituelle Selbstheilung.

Vor dem Hintergrund dieser Erfahrungen startete er eine Reihe von Vorträgen und Seminaren unter dem Thema „Werde übernatürlich“, in denen die theoretischen Grundlagen und darauf aufbauend die Anwendung dieser Methodik demonstriert werden. Nach dem Muster des US-amerikanischen Motivationsgurus Antony Robbins werden weltweit Vortragsgroßveranstaltungen und Massenseminare mit 2.000 bis 4.000 Teilnehmern über eine Woche durchgeführt. In diesen „Advanced“ Seminaren werden neben Vorträgen und Massenmeditationen Energieübertragungsheilungen im großen Stil durchgeführt. Die Heilungsergebnisse werden inzwischen von bis zu acht Medizinern wissenschaftlich dokumentiert, um sie der akademischen Forschung zugänglich zu machen. Vor und während der Heilungssitzungen treten ehemalige oder aktuelle Seminarteilnehmer auf und berichten über erfolgreiche Heilungen – in der Mehrzahl von Krebsheilungen. Zur Verbreitung seiner Botschaft hat Dispenza eine Reihe von internationalen Bestsellern wie „Becoming supernatural“ in bis zu acht Sprachen geschrieben und er hält Kontakt zu allen ehemaligen Seminarteilnehmern in regelmäßigen Podcasts.

Grundlage seiner „Botschaft“ ist fernöstliches Meditations- und Yogawissen kombiniert mit wissenschaftlichen „westlichen“ Inhalten aufbereitet in der Form westlicher Motivations- und Erfolgstrainer, was nicht unmaßgeblich zu seinem Erfolg beigetragen hat. Sein inhaltlicher Schwerpunkt liegt dabei auf der Medizin und Psychotherapie – weniger auf den Feldern der Intelligenz.

Teil III

DIE ROLLE VON KI UND MEGA-INTELLIGENZ

Seit einiger Zeit – und mit zunehmender Geschwindigkeit und Intensität – hat „ein neuer Spieler" die Intelligenzarena betreten: die künstliche Intelligenz, die Intelligenz aus dem Computer. Mit exponentiell wachsenden Rechnerleistungen und verarbeitbaren Datenmengen dringt sie in immer neue Lebensbereiche ein und in der Sensationspresse wird bereits das Szenario einer „Weltherrschaft des Computers" an die Wand gemalt: die Übernahme aller wichtigen – auch politischen – Entscheidungen durch die Rechner und dadurch die Entmachtung der Menschen. Was hat es damit auf sich und wie fügt sich die künstliche Intelligenz in das „Gesamtportfolio der Intelligenzen"?

1. Entwicklung und Koordinaten der KI

Albert Einstein soll kommentiert haben: „Ich fürchte den Tag, an dem die Technologie unsere menschliche Interaktion übertrifft. Die Welt wird eine Generation von Idioten haben." Welch eine weise, vorausschauende Vorausahnung unserer aktuellen Perspektive.

Künstliche Intelligenz erfüllt alle Kriterien der generellen Intelligenz:

- Lösung eines Problems, Erreichung eines Zieles, Erstellung eines Produktes
- Verarbeitung von Information
- Verwendung eines Algorithmus

Wobei sich die KI fokussiert:

- auf die Erfindung und Programmierung immer neuer, kreativer und komplexer Algorithmen

- und die Einbeziehung und dann Verarbeitung immer umfangreicher Mengen von Daten, die durch die fortschreitende Digitalisierung immer weiterer Bereiche der Wissenschaft, der Wirtschaft und des täglichen Lebens und der steten Erweiterung der Rechner- und Speicherkapazitäten zu Verfügung stehen.

In diesem Zusammenhang kann nicht auf die gesamte umfangreiche KI-Diskussion Bezug genommen werden, sondern nur auf die für die Intelligenzargumentation relevanten Entwicklungslinien.

Um mit einem populären Schlagwort zu beginnen: AI is about:
- Spying
- Selling
- Gambling and
- Killing

KI erfüllt also die Funktionen der:
- Spionage – Herausfinden von Informationen
- Steigerung des Vertriebs
- Spiele Spielens und
- Tötens, bei einem Einsatz im Krieg

Da es sich bei der künstlichen Intelligenz ausschließlich um logisch-mathematische Intelligenz handelt, erfahren deren Stärken aber auch und insbesondere ihre fatalen Schwächen eine massive Steigerung.

Um die Entwicklung kurz zu rekapitulieren:
Bereits in den Jahren 1920 und 1930 räsonierten Mathematiker, ob „mathematisches Denken formalisiert werden könne." In den folgenden Jahrzehnten kamen insbesondere Kurt Gödel, Alan Turing und Alonzo Church zu dem Schluss, dass erstens es bestimmte Grenzen gäbe, in denen die Mathematik formalisiert werden könne, jedoch zweitens innerhalb dieser Grenzen eine Mechanisierung für alles, was in den Symbolen 0 und 1 ab-

bildbar sei, möglich war – einschließlich der mathematischen Deduktion. Dies war die Grundlage für die Turing-Maschine, die erste intelligente Maschine.

Früh begann man den Computern das Spielen beizubringen. Es begann mit dem Damespiel Mitte der 1950er Jahre an der Universität Manchester. Schon bald darauf schrieb 1951 Dietrich Gunter Prinz ebenfalls der Universität Manchester ein Computerprogramm für Schach. Im Jahre 1992 verloren menschliche Backgammonspieler ihre Dominanz gegenüber Computerprogrammen. Im Jahre 1999 besiegt der IBM Höchstleistungscomputer Deep Blue den damaligen Weltmeister im Schach Gary Kasparow.

Im Jahre 2016 entwickelt die Google-Tochter Deep Mind Technologies den Computer Alpha Go – eine Maschine, fähig zum Spielen des alten chinesischen Brettspiels Go. Go gilt als das weltweit komplexeste Spiel, bei dem eine schier unendliche Anzahl von Strategien zu jedem Zeitpunkt des Spiels verfügbar ist. Um die Dimensionen zu verdeutlichen: Es gibt mehr unterschiedliche Spielzüge als es Atome im gesamten Universum (geschätzt 10^{84} bis 10^{89}). Im Jahre 2017 besiegte das Nachfolgemodell Alpha Go Master den weltweit besten Spieler Ke Jie in einem Dreirunden-Spiel.

Ohne verbleibende menschliche Gegner entwickelte Deep Mind ein neues Go-Konzept: AlphaGo Zero – aus dem Nichts. Nach einer kurzen Trainingsphase besiegte es Alpha Go Master 100 zu 0. Damit war es der weltweite Go-Meister. Kurz darauf besiegte der Algorithmus ebenfalls den weltweit führenden Schachcomputer - und wurde damit doppelter Weltmeister.

Watson, der berühmte Supercomputer von IBM, las vor dem spektakulären Wettstreit in der US-amerikanischen Kultfernsehsendung Jeopardy 4 Millionen Dokumente. Quantencomputer, die sich vom klassischen binären Code 1 und 0 lösen, steigern ihre Rechnerkapazität exponentiell. Sie lösen eine Aufgabe, für die moderne Supercomputer 10.000 Jahre bräuchten in 200 Sekunden – der Google Quantencomputer Sycamore.

Algorithmen oder Rechnerkapazitäten werden nicht der Engpass sein, entscheidend scheint der Zugang zu verfügbaren verarbeitbaren Informationen. Auf die Zugänglichkeit und Verarbeitung von Informationskategorien beziehen sich die staatlichen Eingriffe, die die KI-Entwicklung kanalisieren wollen.

Die Europäische Union hat entsprechend ein Gesetz verabschiedet (EU AI Act) mit folgenden Verbotsschwerpunkten:

- Kognitive Verhaltensmanipulation von Personen und Personen;
  Beispiel: Wahlbeeinflussung in den USA und Deutschland
- Soziales Scoring: Klassifizierung von Menschen auf der Grundlage von Verhalten, sozialökonomischem Status und persönlichen Merkmalen;
  Beispiel: Social Credit Points in China
- Biometrische Identifizierung und Kategorisierung von natürlichen Personen
- Biometrische Echtzeit-Fernidentifizierungssysteme;
  Beispiel: Gesichtserkennung in China, Dubai

In diversen totalitären Staaten sind derartige KI-Systeme bereits im Einsatz. Die gesamte chinesische Bevölkerung ist in einem System der „social credit points" erfasst, in dem auf der Basis von bestimmten Schwellenwerten beispielsweise die Vergabe von Mietwohnungen, berufliche Beförderung und gar „Erlaubnis" von Eheschließungen erfolgt.

Wir leben bereits in einer Welt, die breit und tief verzahnt ist mit KI-Systemen:

- Kommunikation mit Smartphones
- Vernetzung über das Internet
- Zahlung mit Kreditkarten und Online-Banking
- Suchmaschinen wie Google und Bing
- Generative KI-Werkzeuge wie chatGPT
- Lokalisierungsprogramm wie GPS, GoogleEarth und ähnliche
- Sprachassistenten wie SIRI, Alexa

Es ist nicht der Code des Algorithmus, es sind die Informationen, die wir den diversen Systemen einfüttern oder zugänglich machen, die die KI-Systeme so leistungsfähig und auch mächtig machen. Die vermeintlich unentgeltlichen Leistungen der Systeme bezahlen wir mit den Informationen über uns, unser Konsumverhalten, generelle Lebensweise und politische Einstellung.

Der Jahresgewinn von Alphabet, der Muttergesellschaft von Google, belief sich im Jahr 2023 auf 73,8 Mrd. USD – im weit überwiegenden Teil aus Werbeeinnahmen auf der Basis von intimsten Informationen über die Kundenprofile weltweit; basierend auf den Informationen über unserer Verhalten, das wir Google tagtäglich durch die Nutzung ihrer Systeme zuspielen. Und die ihnen zugespielten Informationen werden die Maschinen zu weiteren intelligenteren Systemen weiterentwickeln.

Die neueste Entwicklung der Werbemanipulation laut Google ist die Abschaffung von Cookies und die KI-basierte Vorhersage des Surfverhaltens der Konsumenten. Die Zukunft von KI wird darauf basieren, was wir ihnen einspeisen, was sie von uns wahrnehmen, was sie von uns lernen.

Es heißt: „Gute Eltern haben gute Kinder", also seien wir gute Vorbilder für das, was die KI dann daraus macht. Und es bestünden gute Chancen: Denn die Datenmengen an Informationen die jährlich durchs Internet fließen entsprechen in etwa der gleichen Menge, die die Menschheit bis heute generiert hat.

2. Auswirkungen und Defizite der KI

Insgesamt wird KI eine massive Verstärkung und Beschleunigung der Teilbereiche und Ausprägungen des derzeitigen kognitiven Status quo bringen. Wir erinnern uns: Der intellektuelle Mehltau des sogenannten Abendlandes durch die christliche Kirche wurde in der Phase der Renaissance („Wiedergeburt") durch eine flächendeckende Dominanz der Rationalität, der Logik, abgelöst – verbunden mit einer quasi Explosion der Naturwissenschaften, insbesondere Physik, Chemie und Biologie.

Dies wiederum führte zu einer massiven Steigerung der Erträge der Landwirtschaft, der medizinischen Versorgung, der Entstehung und dem Aufstieg der Industrie und einem erheblichen Wachstum der Bevölkerungszahlen. Newton und Descartes waren die „Hohepriester" des logikdominierten Fortschritts. Die darauffolgende Explosion der logikdominierten Wissenschaften wurde zum exponentiellen Beschleuniger dieser Entwicklung. Humanwissenschaften wie Medizin, Psychologie und Soziologie folgten dem erfolgreichen Vorbild der Physik und vervollständigten das dreidimensionale, materialistische Weltbild.

Da die Logik auf dem aristotelischen Denkprinzip fußte, wonach nur das existiert und dem Denken zugänglich ist, was mit den fünf Sinnen wahrgenommen werden kann, geriet die Materie in das Zentrum des Interesses und erschuf den Materialismus – die nun dominierende geistige Grundausrichtung und unseren unverändert vorherrschenden derzeitigen kognitiven Status quo, das Bewusstsein der 3D-Welt.

Diese Reduzierung auf die logikbasierte 3D-Welt wurde aufgrund der zweifellosen materiellen Erfolge konsequent als Zielvision zur Gestaltung des kognitiven Weltbildes umgesetzt: beginnend bei der logikzentrierten Schulbildung, der logikzentrierten Universitätsausrichtung, der entsprechenden Forschungsaktivitäten bis hin zu den logikkompetenten Eliten und der Glücksvision der Gesellschaft auf Maximierung der aufgehäuften Materie.

Der Gesellschaftsvertrag ist im Großen und Ganzen auf Steigerung der Einkommen und der Besitztümer ausgerichtet. Hierfür werden die Ressourcen des Planeten, die Rohstoffe, die Ländereien, die Meere genutzt, ausgebeutet, reduziert und auch geschädigt – bis hin zur Beeinträchtigung des Klimas. Diese Gesellschaftsverfassung produziert darüber hinaus aber nicht die „versprochenen" Ergebnisse: Wohlergehen und Glück. Im Gegenteil. Die logikbasierte Schulmedizin steigert zwar zweifelsohne die Lebenserwartung; in den USA allerdings sinkt sie schon wieder und ein Drittel der zivilisierten Menschheit ist depressiv.

In diese „schiefe" von der Logikdominanz geprägte Gemengelage tritt nun die wiederum ausschließlich logikbasierte KI mit einer breiten, alle Lebensbereiche umfassenden Welle von „Anwendungen" und verstärkt diese Schieflage weiter. Wenn alle Routineabläufe und -prozesse in der Entscheidungssituation klar definiert und vollständig bekannt und transparent sind, sind sie generell der KI zugänglich und werden von ihr übernommen, sobald KI kostengünstiger ist als menschliche Arbeitskraft.

Beginnend bei Rasenmähroboter, Staubsaugautomaten, Waschautomaten, Kochautomaten, über Telekommunikation und Zahlungsverkehr sind bereits von KI durchdrungen. Der physische Verkehr beginnt zunehmend von Algorithmen gesteuert zu werden: Flugzeuge starten und landen bereits vollautomatisch, bei Langstreckenflügen sind die Piloten meist nur zur Überwachung eingesetzt, Flugautomaten sondieren permanent den umgebenden Luftraum nach potenziell kollidierenden Objekten und passen Flughöhe und Geschwindigkeit laufend den sich ändernden Wetterverhältnissen an.

In den Fertigungsindustrien wie der Automobilindustrie sind die Fließbänder schon fast vollständig mit Robotern bestückt, sodass teilweise von menschenlosen vollautomatisierten Fabriken gesprochen werden kann – mit entsprechend günstigen Herstellungskosten. Die vorgelagerten und nachgelagerten Prozesse wie Vorfertigung und Verpackung wurden bereits vorher vollständig automatisiert. Bei den einfacheren Fertigungsindustrien wie Haushalts- und Gartengeräte erfolgte die Automatisierung noch eher. Und auch in den Lebensmittel-, Pharma- und chemischen Industrien war die Automatisierung im Wesentlichen mit einfacheren Problemen konfrontiert und konnte die Fertigungsprozesse schon früher „voll übernehmen". Mit der 3D-Drucktechnologie aus den 90er Jahren wurde die automatisierte Fertigung von komplexesten Aggregaten und Formen bis hin zu ganzen Häusern möglich und künftig sogar Körperteilen („Bio-Printing"). Es besteht kein Zweifel: Für die Fertigung und das Handling materieller Güter ist die KI geradezu prädestiniert und eine zentrale Ertüchtigung.

Der allgegenwärtige Einsatz der GPS-Verkehrssteuerung hat das Transportwesen für Güter und Personen geradezu revolutioniert. Man gibt seinem Wagen mündlich das Ziel ein und bekommt umgehend den optimalen Weg mit genauen Zeitangaben auf den Bildschirm oder auch auf die Windschutzscheibe projiziert. Hindernisse und Staus werden frühzeitig erkannt und in Umwege umgesetzt. Taxifahrer benötigen keine detaillierten Ortskenntnisse mehr, es genügt die Eingabe in den Bordcomputer und die Fähigkeit, das Auto zu bedienen. Eine fundamentale Erleichterung der Fahrwegfindung – mit einem allerdings erheblichen Nebeneffekt: Der Fahrer verliert die Fähigkeit, Karten zu lesen und die Fahrstrecke zusammenzustellen.

In diesem Zusammenhang eine Anekdote: Die Londoner Taxifahrer mussten zum Erwerb einer Fahrerlizenz für den Großraum London eine mehrere Jahre dauernde Ausbildung im Londoner Verkehrssystem absolvieren mit einer überaus schweren anschließenden Abschlussprüfung. Was dazu führte, dass Londoner Taxifahrer sich als deutlich „trainierter" erwiesen als der Durchschnitt der Bevölkerung.

Eine geradezu fatale Entwicklung nehmen die unter anderem durch KI befeuerten Wellen der sozialen Medien. Die Vermittlung von Nachrichten, Informationen und Meinungen erfolgt nicht mehr über Bücher, Zeitschriften, Zeitungen und ausführliche Fernsehsendungen, sondern über das Internet in Form von kurzen und kürzesten Nachrichtenspots am Desktop oder über das Smartphone. Botschaften werden nicht mehr in aller Breite und Widersprüchlichkeit übermittelt, sondern werden auf kürzeste Beiträge verdichtet und emotional hoch aufgeladen, um angeklickt zu werden. Werden sie angeklickt, registriert dies der Algorithmus als Ihre Vorliebe und sendet Ihnen immer neue, um Ihre Aufmerksamkeit zu gewinnen oder zu behalten, um die richtigen von Werbebotschaften abzusetzen, die er aus Ihrem Kauf- oder Surfverhalten gelernt hat – und dies alles in hochverkürzten Zeitfenstern der Aufmerksamkeit.

Eine Folge dieser fatalen Veränderung des Informationsverhaltens ist unter anderem, dass die politische Diskussion stark verkürzt und polarisiert wird, mit dem Effekt des Aufstiegs eines Donald Trump in den USA und des Aufschwungs der rechtsradikalen Parteien in Europa, wie z.B. der AfD in Deutschland und der Le Pen Partei in Frankreich. In allen Fällen stand am Anfang eine starke Konzentration auf die modernen Sozialen Medien im Vergleich zu den etablierten Parteien, die auf den alten Mustern verharrten.

Amerikas oberster Gesundheitsinspektor Surgeon General Vivek H. Murphy schreibt in der New York Times von einer schweren Krise der seelischen Gesundheit junger Menschen durch die Nutzung sozialer Medien. Heranwachsende zwischen 10 und 19 Jahren verbringen mehr als drei Stunden täglich mit TikTok, Instagram und ähnlichen Plattformen und haben das doppelte Risiko, unter Angst und Depressionssymptomen zu leiden. (Die durchschnittliche Verweildauer in den Medien beträgt täglich knapp 4,8 Stunden. Rund die Hälfte der Jugendlichen sind mit ihrem Körper unglücklich.)

Wie in der seriösen Presse nachzulesen war, haben auf KI spezialisierte Beratungsunternehmen wie Cambridge Analytica und Palantir, aber auch der russische Geheimdienst Social Media genutzt, um Wahlen zu beeinflussen – eine Folge des Siegeslaufes der KI.

Das Internet hebt die Informationsdichte und -geschwindigkeit auf ein bisher unbekannt hohes Niveau, entblößt allerdings die Teilnehmer von bisher gekanntem, natürlichen Schutz. Hacker sind in der Lage in fremde Datensysteme und -banken einzudringen, Daten zu stehlen oder sie zu manipulieren. Darüber hinaus sind Hacker in der Lage, digitale Tresore und Vermögensbestände zu „knacken" und auszurauben.

3. Segen der Künstlichen Intelligenz?

Nun zur Wirtschaft, der Versorgung der Menschen mit Gütern des kurzfristigen und längerfristigen Bedarfs. Mit dem spektakulären Erfolg der mechanistischen, materialistischen Weltanschauung war eine inhärente umfassende Wachstumsmentalität verbunden, die letztendlich zur hemmungslosen Ausnutzung der Ressourcen des Planeten einschließlich der Zerstörung der Umwelt und des Klimas führte. Der Zwang der Beseitigung der materiellen Not zu Beginn der industriellen Revolution wurde durch den Erfolg der letzten rund 140 Jahre abgebaut und durch die „sozialen Errungenschaften" der Sozialgesetzgebung weitgehend beseitigt.

Mit dem Siegeslauf der KI könnten diese Zwänge endgültig der Vergangenheit angehören: Die Menschen wären endgültig frei von Naturplünderungszwängen, ließen die angerichteten Ausbeutungsschäden heilen und wären frei – für eine Moral fern der Überwindung materieller Not. Momentan sind die Notüberwindungsschäden allerdings allenthalben sichtbar und noch voll präsent und wirksam.

In der Medizin perfektioniert, beschleunigt und erleichtert die KI mit computergesteuerten chirurgischen Operationen, der automatisierten Diagnose und den Big Data-Auswertungen zu Befunden sicherlich eine Reihe wichtiger Analysen und Therapieschritte. Allerdings mit einem fatalen Effekt: Es verfestigt die konzeptionelle Fehlausrichtung der Schulmedizin. Diese ist auf die Symptome der Krankheiten fokussiert und nicht auf die Ursachen. Sie betrachtet den Körper – dem Modell der Newtonschen Physik folgend – als Ansammlung isoliert agierender Maschinen, die durch chemische oder physische Intervention „repariert" werden. Dass diese „Maschinen", sei es Herz, Magen, Niere, Leber, Zähne, Augen, Gelenke, Rücken, Lunge, Nerven etc. eng miteinander verknüpft sind, mit dem Gehirn, dem Herzen und den Chakren eng verbunden sind und zudem von der Psyche gesteuert werden, die wiederum selbst ganz eigene Determinanten hat – all das bleibt unbeachtet.

Und diese bemerkenswerte Performance eines sehr fest gefügten organisatorischen und mentalen Konstruktes – der medizinisch-industrielle Komplex – wird durch KI weiter optimiert und beschleunigt.

Die „schiefe“ mentale und organisatorische Struktur wurde oben ausführlich kritisiert. Eine „Automatisierung“ durch KI wird dies nur noch verstärken:

Die Arbeit mit Patienten-Bigdata und Pharmaforschungs-Bigdata wird der Medizin sicherlich massive Erkenntnisdurchbrüche bescheren – gemeinsam mit den komfortablen finanziellen Bedingungen werden sie die Verkrustung und Schieflage weiter festigen.

Generell dürften die anstehenden Erfolge und Fortschritte der KI den bestehenden Materialismus aber eher weiter verstärken.

Potenziale durch Befreiung des Intelligenzverständnisses

Im 17. und 18 Jahrhundert änderte sich die damalige Welt umfassend und tiefgreifend: Die Reformation brach das spirituelle Monopol der christlichen Kirche auf, die Französische Revolution zerstörte die politische Dominanz der Monarchien und des Adels in den jeweiligen Nationen, die Renaissance – Wiedergeburt – fegte die geistig-intellektuelle Alleinherrschaft und Dogmatik der Kirche hinweg mit einer Rückbesinnung auf die Intelligenzleistungen der römisch-griechischen Philosophen.

Das Zeitalter der Aufklärung brach sich Bahn mit einer Wiederentdeckung der Vernunft, der Logik, und einem Streben nach wissenschaftlichem und wirtschaftlichem Fortschritt. Das Bürgertum gewann an wirtschaftlichem und politischem Einfluss und gestaltete einen blühenden Materialismus bis hin zu Industrialisierung und einer Explosion der Naturwissenschaften Physik, Chemie, Biologie und insbesondere Medizin. Folgen waren ein jahrhundertelanger wirtschaftlicher Aufstieg, ein gigantischer Zuwachs der Bevölkerung und ein neuer „Glaubensinhalt als letzte Wahrheit“: die Wissenschaftlichkeit.

Der englische Physiker Isaak Newton und der französische Philosoph René Descartes legten auf der Basis des Syllogismus von Aristoteles die Grundlagen der logikbasierten Wissenschaftlichkeit in der Mitte des 18. Jahrhunderts. Aufgrund des riesigen Erfolges, insbesondere in der Physik, wurden diese Denkprinzipien der Wissenschaftlichkeit zu den geistigen Fundamenten nahezu sämtlicher wissenschaftlicher Disziplinen: neben den Naturwissenschaften auch der Psychologie und der Soziologie.

Die 3D-Welt war geboren: Es existierte nur das, was mit den Sinnesorganen konkret wahrgenommen werden konnte. Die Denkwelt und das Weltbild sind ausschließlich beherrscht von realen Phänomenen und den über sie bestehenden, empirisch verifizierten Theorien. Die dem Materialismus inhärente Moral war die ungehemmte Anhäufung von immer mehr Materie ohne Rücksicht auf die davon betroffenen natürlichen Ressourcen und Bewirtschaftungsmöglichkeiten und -grenzen.

Von den Intelligenzressourcen des Körpers beschäftigt die 3D-Welt der Logik lediglich einen Bruchteil: von der linken Großhirnhälfte eine von fünf Schwingungen: die Betaschwingungen. Alle anderen Gehirnbereiche (der Rest des Großhirns, Mittelhirn und Kleinhirn, sowie alle Chakren und die übrigen kleineren Gehirne) sind frei – für die 4D Welt der Emotionalität und die 5D-Welt der Spiritualität.

Durch KI nun bekommt der logikbasierte 3D-Teil eine weitere Verstärkung und lässt die anderen Intelligenzen weit hinter sich zurück; und die bereits bestehende Schieflage droht sich noch zu verschärfen. Zwar übernimmt KI zunehmend die Intelligenzroutinen und -abläufe und ermöglicht damit enorme Kostensenkungen und Effizienzsteigerungen in den meisten Produktions- und Serviceabläufen. Gleichzeitig macht sie das menschliche Verhalten „gläsern": transparent und damit manipulierbar. Durch die Veränderung des Informationsverhaltens durch Social Media droht der Materialismus-Brainwash sich zu verstärken und die für eine funktionierende Demokratie unabdingbare ausgewogene Urteils- und Kritikfähigkeit stark gefährdet zu sein.

Die Logikdominanz mit allen ihren „Nebenwirkungen" war offenbar das Opfer, das dargebracht werden musste, um die materiellen und existenziellen Menschheitsprobleme zu lösen. Das scheint weitestgehend gelungen zu sein und wird durch KI noch weiter vorangetrieben – zu immer neuen Höhen.

Nun wäre es Zeit und Gelegenheit, sich um die „Nebenwirkungen" zu kümmern; und die liegen bezeichnenderweise im Bereich der 4D- und der 5D-Welt.

Mega-Intelligenz umfasst die volle Breite – Logik und KI nur einen engen Bruchteil

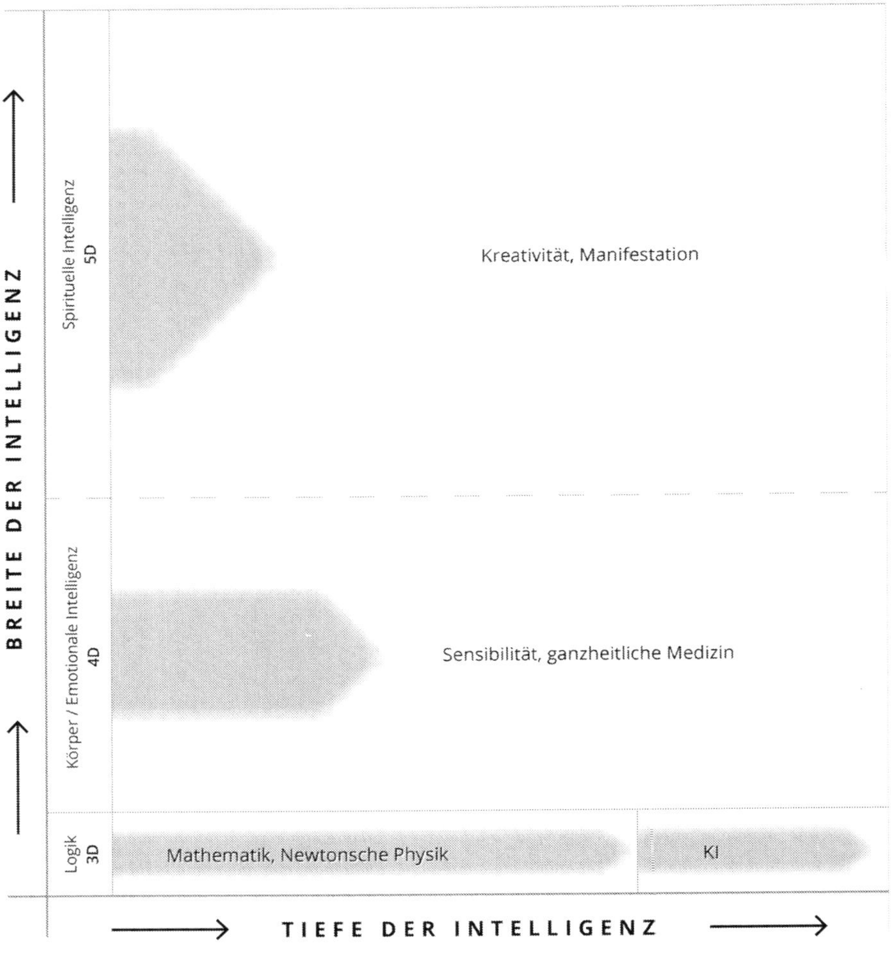

1. Meditation und Werte

Meditation ist – wie oben ausführlicher dargestellt – die schnellste und effektivste Methode zum Verlassen der Umklammerung durch die Logik und der 3D-Welt und damit auch die Öffnung zu den 4D- und 5D-Welten. Es ist zudem der Ausweg aus der unglaublich intensiven und flächendeckenden Berieselung, Beschallung, Indoktrination, Brainwash, Reizüberflutung durch Radio, Television, Internet, und soziale Medien, der wir derzeit von morgens bis spät abends ausgesetzt sind. Und diese ist ausschließlich 3D-orientiert und nahezu vollständig auf weiteren Konsumanreiz „Anhäufung noch weiterer Materie" oder politische Manipulation ausgerichtet. Alles dies wird durch KI nur noch weiter verstärkt, vervollständigt und durch einen tiefen Einblick in unsere Persönlichkeitsstruktur perfide individualisiert und damit umso weniger entrinnbar.

All dem entkommt man mit regelmäßiger und tiefer Meditation, es genügen zu Beginn etwa 30 Minuten pro Tag. Darüber hinaus bringt uns Meditation zurück zu uns selbst, ins persönliche und seelische Gleichgewicht. Diese meditative Rückkehr zu sich selbst macht auch das System der materiellen und systemischen Einbindungen und Zwänge deutlich – das ebenfalls durch KI nur noch weiter intensiviert, verdichtet und „automatisiert" wird. Zudem fördert die Meditation Wahrnehmungen philosophische Einsichten und Überzeugungen in die Erhaltung und Fortentwicklung der uns umgebenden Natur und unseres Planeten zu Tage, die bisher vom Brainwash der Logik und der KI schier überrollt wurden. Diese „Weisheit" ist offenbar im Menschen grundgelegt, sie müsste nur wieder freigelegt werden.

2. Sachliche Sensibilität

Eine der Kerneinsichten gesteigerter Sensibilität ist die Erkenntnis der fatalen Folgen der bisher tolerierten oder akzeptierten „materialistischen" Kurzfristoptimierungen.

Zur Erstellung der Ernährungsgrundlagen wurde die Natur rücksichtslos ausgebeutet und geplündert, ohne Nachhaltigkeitsgrundsätze zu beachten:

- Die Weltmeere wurden rigoros überfischt, ohne auf die Regeneration der Tierbestände zu achten.
- Die Weltmeere wurden zudem als Mülldeponie und Abwasserkloaken – Verklappung – missbraucht, was die Lebensgrundlagen der Meeresbewohner, aber auch der Menschen massiv beeinträchtigt hat.
- Die Landwirtschaft hat die für das Weltklima und das Pflanzenwachstum essentiell wichtige Humusschicht der Äcker durch regelmäßiges Pflügen und Eggen auf ein Mindestmaß heruntergewirtschaftet, sodass nur durch einen massiven Einsatz von Chemie und Pharmazie noch ein halbwegs akzeptables Ergebnis erzielt werden kann. Und dieser Einsatz muss regelmäßig noch gesteigert werden. Eine intakte Humusschicht wäre zudem das wirkungsvollste Mittel zur CO2-Bindung und gegen die Hitzewelle.
- Darüber hinaus enthalten die Ackerböden kaum noch die erforderlichen lebenswichtigen Mineralstoffe, um gesunde Lebensmittel hervorzubringen. Diese müssen dann für den Menschen mit Nahrungsergänzungsmittel ersetzt werden. Dieser Mineralstoffmangel erfordert zudem massiven Einsatz von Herbiziden und Pestiziden, um die Nutzpflanzen überhaupt überleben und wachsen zu lassen.
- In der Forstwirtschaft herrscht nach wie vor weitgehend das Prinzip „Monokultur und Kahlschlag". Um den Kurzfristertrag zu maximieren, werden große Flächen mit Monokulturen bestimmter Bäume bepflanzt, die dann im totalen Kahlschlag mit Großmaschinen geerntet werden. Die Monokulturbäume werden unter Kurzfristoptimierungsgesichtspunkten ausgewählt – produzieren zwar ebenfalls kurzfristig viel Holz, passen aber letztendlich nicht in die Gegend, sind schädlingsanfällig, neigen zu Waldbrand und sterben bei Hitzewellen, weil sie das Wasser nicht halten können – siehe Harz und Schwarzwald. Die Großmaschinen verdichten massiv die Böden und beeinträchtigen längerfristiges Wachstum. Dagegen Mischwälder regional angepasster

Bäume schaffen bei 500 ha zusammenhängender Fläche einen eigenen Regen. Regional angepasste Mischwälder haben einen Temperaturunterschied von 5 Grad zur Umgebung und können den Klimawandel maximal ausgleichen – wenn man sie nur lässt.

- Eine gezielte Reduzierung der Wildbestände zur Verringerung der Verbissschäden im Waldbestand führt zu einer deutlichen Steigerung der Naturverjüngung und damit zur Selbsterneuerung des Waldes mit deutlich diverseren, vitaleren und hitzeresistenteren jungen Bäumen.

KI kann die Entscheidungsgrundlagen wie Bodendaten, Wetteranalysen etc. deutlich verbessern und kostengünstiger erstellen; die nötigen Entscheidungen fallen aber auf der Grundlage höherer Sensibilität und Intuition.

3. Interpersonale Sensibilität

Ein weiterer Kerneffekt der Meditation ist die erhebliche Steigerung der Sensibilität gegenüber Menschen aber auch gegenüber Tieren.

Zunächst zu den Menschen: Die Sensibilität gegenüber eigenen emotionalen Befindlichkeiten aber auch gegenüber denen anderer Menschen steigert sich erheblich. Verbunden mit einer Aktivierung des Herzchakras und des Kehlkopfchakras werden soziale und kommunikative Intelligenz deutlich verstärkt, wodurch das persönliche Zusammenleben sowie die Zusammenarbeit entscheidend intensiviert wird. Kompetentes familiäres Zusammenleben und harmonische und produktive Teams sind die Urzellen ausgeglichener identer Persönlichkeiten, was wiederum die Grundvoraussetzungen funktionsfähiger politischer Formationen sind.

Diese Sensibilität lässt sich meditativ steigern bis hin zur Fähigkeit, fremde Gedanken zu lesen, was das Zusammenleben noch einmal deutlich erleichtert und verbessert.

Eine Sonderform dieser Sensibilität ist, die Gedanken von Tieren zu lesen – was sicherlich eine spezielle Meditation erfordert.

4. Heilung

Es besteht kein Zweifel, dass die mechanistische Schulmedizin über die Jahre ihres Bestehens eindrucksvolle Ergebnisse bezüglich Heilung von Krankheiten und Steigerung von Lebenszeit erzielt hat. Und in diese Fußstapfen steigt die KI mit der großzahligen Analyse und Verdichtung von Diagnose, Anamnese und Therapieverläufen – mit entsprechend bahnbrechenden neuen Erkenntnissen.

Es bleiben aber die konzeptionellen Ur-Fehler der Schulmedizin: Konzentration auf die Symptome und nicht die Ursachen der Krankheiten, isolierte Therapie von Einzelbereichen des Körpers ohne Verknüpfung untereinander, Negierung der Psyche als weit überwiegende Ursache nahezu aller Krankheiten, Therapie durch physische oder pharmazeutische Intervention mit erheblichen Nebenwirkungen, weitgehende Negierung des Immunsystems.

Hier entfaltet die Mega-Intelligenz ihre ganze Bandbreite: meditative Diagnose der psychischen Ursache der Krankheit, ihrer Einbettung in das Konzert der anderen Organe, Chakren oder Einzelbereiche des Körpers, Aktivierung des Immunsystems zur Heilung. Dies kann auch durch eine meditative Fernübertragung von Heilungsenergie erfolgen. Bei entsprechender Meditation ist das Immunsystem auch in der Lage, Zellen zu bilden und beschädigte Körperteile zu regenerieren, die die Schulmedizin als „irreparabel“ und „austherapiert“ ausschließt.

5. Kreativität

Logik ist bekanntlich unkreativ, da sie den durch Obersätze gebildeten Bereich nicht verlassen kann – die Logikwelt eben. Und auch die KI bleibt auf die Logikwelt beschränkt, auch wenn sie durch Analogien und „De Bonosche“ Denkmuster kombiniert mit großen Datenmengen, sowie dem Lernen aus der Vergangenheit eine „Quasikreativität“ bewerkstelligt.

Die Mega-Intelligenz hingegen kann sämtliche „freien" Intelligenzen aktivieren (siehe Grafik S. 57):

Die freien Bereiche des Großhirns, das Mittel- und Kleinhirn, sämtliche Chakren, Organe und Zellen sowie den Zugang zum Universum über das achte Chakra, das Quantenfeld, das alle jemals von Menschen gedachten Gedanken enthält. Der Zugang zu dieser immensen Kreativitätsressource erfolgt über eine kompatible Frequenz, gleiche oder ähnliche Schwingung.

Die Aktivierung geschieht folgendermaßen:

- Abziehen der Aufmerksamkeit von allem Materiellen in der 3D-Welt, als niemand im Nirgendwo.
- Präzise Formulierung des zu lösenden Problems in allen physischen, psychischen, emotionalen und sensorischen Dimensionen.
- Untermauerung des Wunsches mit einer starken Emotion der Dringlichkeit des Bedarfs.
- Absenden der Anfrage im meditativen Alpha- oder Delta-Zustand.
- Nach einem zeitlichen Abstand: Zuwendung zu einem anderen Thema.
- Die Antwort wird kommen – allerdings anders als erwartet.

Neben der generellen Meditation ist die „meditative Pflege" der Chakren – hier besonders der Chakren sechs und acht – von Bedeutung, sowie das häufige Durchführen der Kreativitätsübung.

6. Vorahnung und Präkognition

Mit der Vorahnung verhält es sich wie mit der Kreativität: Die Logik hilft überhaupt nicht oder blockiert es sogar. KI natürlich auch nicht. Jedoch sämtliche Intelligenzen (siehe oben) sind gefordert, um die Präkognition zu begünstigen, denn kontrolliert „herbeizwingen" kann man sie mitnichten.

Menschen mit wenig „Logikvorbelastung" und ausgeprägter Naturverbundenheit bringen die besten Voraussetzungen für Vorahnungen mit. Sie erfordert alle Intelligenzen und Sinne in vollkommener Entspanntheit.

Aus eigener Erfahrung kann ich berichten, dass nach meinem intensiven Beruf als „Hardcore-Logiker" über 40 Jahre nach nunmehr etwa sieben Jahren zunehmend intensiverer regelmäßiger Meditation mir langsam Fähigkeiten wie Gedankenlesen und Präkognition zuwachsen. Und dies nicht als Ableitung von bereits Bestehendem, sondern von etwas nie Dagewesenem und daher nicht Vorhersagbarem. Eine stabile Gesundheit ohne Medikamente und einige orthopädische Heilungen kamen vorher.

7. Intuition

Intuition oder auch Eingebung ist das Treffen von Entscheidungen unter unvollständigen Informationen – außerhalb von Routinen. Damit steht die Intuition vollständig außerhalb des Anwendungsbereiches der KI.

Intuition – unabhängig ob physische, geistige oder spirituelle – erfordert das gesamte Spektrum der Mega-Intelligenz, die Einbeziehung sämtlicher Intelligenzpotentiale: Gehirnregionen, Chakren und andere Kleingehirne in den Entschlussvorgang. Zur Verbesserung der Intuition ist es erforderlich, bewusst auf die Logik zu verzichten, auch logische Anstrengungen sind kontraproduktiv.

Demgegenüber ist es sinnvoll, die beteiligten Chakren zwei und drei bei „Bauchentscheidungen" und sechs, sieben und acht bei der Suche nach Eingebungen und neue Ideen gezielt zu adressieren. Je intensiver die Chakren meditativ gepflegt werden und bei Situationen der Unsicherheit „gefragt" werden, desto weiser werden die Entscheidungen und die Inspirationen erfolgen. Auch hier sind regelmäßige Übungen hilfreich.

KI kann bestenfalls mit Datenaufbereitungen und Routineanalysen den Entscheidungen zuarbeiten. Der Kern, die Reduzierung der Komplexität bezüglich der Ungewissheit bleibt allein den Spielarten der natürlichen Intelligenz vorbehalten.

8. Manifestation

Die Schaffung von Materie und die Erfüllung von Wünschen durch die Kraft der Gedanken – diese höchstmenschliche Form der natürlichen Intelligenz liegt offenkundig weit außerhalb des Wirkungsrahmens der künstlichen Intelligenz.

Auch in unserer bisherigen von der reinen Logik dominierten Art zu denken war die Manifestation im Wesentlichen ausgewählten esoterischen Zirkeln vorbehalten. Je weniger wir aus materiellen Zwängen zur Logik gezwungen sind, desto mehr sollten wir uns diesen fantastischen Potenzialen öffnen.

Als die künstliche Intelligenz vor circa 20 Jahren entstand und ihre gigantischen Potenziale sich begannen abzuzeichnen – wurde sie von einer sensationshungrigen Presse euphorisch aufgenommen und ein Zeitpunkt vorhergesagt, an dem die KI weit intelligenter sein würde als die gesamte Menschheit und damit die Weltherrschaft übernehmen würde. Diese Angst war eingangs weit vertreten.

Diese Befürchtungen haben sich inzwischen gelegt. Man nutzt derzeit bereitwillig die großen Möglichkeiten und beschäftigt sich mit einer Eindämmung der mit der KI verbundenen Gefahren.

9. Moral

Neben der Befreiung des Geistes von der Einkäfigung durch die Logik und die Freisetzung der unbegrenzten Möglichkeiten der natürlichen Intelligenzen befördert die Meditation eine moralische Dimension ins Bewusstsein: die Verantwortung von uns Menschen für das Wohlergehen und die Fortentwicklung der Schöpfung. Die Versenkung des Geistes ins eigene Innere aktiviert nicht nur das Immunsystem zur Heilung und positiven Weiterentwicklung des eigenen Körpers – sondern strebt dies auch für die uns umgebende Umwelt und die uns begleitenden Mitmenschen an. Nicht umsonst führen Massenmeditationen von 30.000 und mehr Menschen zur deutlichen Befriedung der verbundenen staatlichen Formationen. Das Vorbild von Mahatma Gandhi ist nach wie vor lebendig.

Eine Pflege und Kultivierung der Mega-Intelligenz inklusive Meditation schafft die Voraussetzungen und Startbedingungen für rundherum ausbalancierte, fähige und moralisch gefestigte Führungspersönlichkeiten, die zielsicher dem Ansturm der KI- Entwicklung Orientierung geben können.

Eine neue Aufklärung

Wenn man sich vor Augen führt, welche Entladung von Kreativität und Schaffenskraft die erste Aufklärung vor 450 Jahren freigesetzt hat, darf man gespannt sein, wenn nicht nur die logische, sondern alle menschlichen Intelligenzen ihr Potenzial entfalten.

Logik und KI werden und haben bereits zu einer erheblichen Verbesserung der materiellen Ausstattung der Menschen geführt. Wir werden nun zunehmend frei zur Aktivierung und Nutzung der anderen bisher weitgehend brachliegenden menschlichen Intelligenzpotenziale (siehe S. 57 und 150).

Die Nutzung der Kraft von KI unter der Leitung der höheren menschlichen Intelligenzen eröffnet immense Optionen:

- Wiederherstellung der Natur in allen Ausprägungen, Klima, Meer und Landschaft
- Intelligentere Nutzung von Land- und Forstwirtschaft, und Verbesserung der Produkte
- Komplettierung der medizinischen Versorgung, dadurch deutliche Verbesserung der Gesundheit und weitere Steigerung der Lebenserwartung
- Steigerung der Sensibilität im Umgang miteinander
- Steigerung der Kreativität in allen Dimensionen und auf allen Ebenen, Explosion von Kunst und Kultur
- Kultivierung der intuitiven Potenziale und dadurch generelle Verbesserung der „Entscheidungsintelligenz"
- Verbesserung der Lebensqualität durch Manifestationen
- Verbesserung der Lebensqualität durch eine biophile – lebensförderliche – Moral

Ein Paradigmenwechsel gemäß Thomas Kuhn, „Die Struktur wissenschaftlicher Revolutionen" hat bereits begonnen einzusetzen:

- Die Reparatur der Umweltschäden durch politische Instanzen hat mit wechselndem Erfolg begonnen.
- Initiativen wie „Circular Valley" – in Anlehnung an „Silicon Valley" – beginnen mit einer Flut von Start-ups die Umweltprobleme der gesamten Rhein-Ruhr-Region umfassend in Angriff zu nehmen.
- Die ersten Land- und Forstwirte betreiben die Umstellung ihrer Betriebe in Richtung auf nachhaltige Bodenbearbeitung und biologisch reine und werthaltige Produkte.
- Immer mehr Ärzte betreiben ganzheitliche Medizin und Naturheilkunde. Daneben öffnen seit circa 10 bis 15 Jahren immer neue Yoga-, Meditations- und Qigong-Zentren und erleben einen wachsenden Zulauf. Vereinzelt veranstalten spirituelle Heiler Retreats und Seminare ebenfalls mit wachsendem Erfolg. Ostasiatische Yogis gründen Seminarhäuser und spirituell ausgerichtete, westliche Coaches feiern in internationalen Großveranstaltungen erstaunliche Erfolge.
- Die etablierten christlichen Großkirchen sind angesichts dieser Entwicklung vollkommen passiv und geradezu erstarrt und verlieren exponentiell Mitglieder. Allein ihre komfortable finanzielle Ausstattung über Vermögen, Kirchensteuer und Zuwendungsprivilegien erhält sie noch am Leben. Sie nehmen am einsetzenden öffentlichen Diskurs praktisch nicht mehr teil. Positiv ist, dass die religiöse Unterdrückung nachlasst mit positiven Auswirkungen auf die Missbrauchsstatistik und die Zahl seelisch belasteter Kinder.
- TV und Presse berichten vereinzelt und sehr zurückhaltend über diese Entwicklung; die öffentlichen Medien sind überwiegend erstarrt in der Produktion von seichter und belangloser Unterhaltung. Dem Aufruf zur Meinungsführung wird man nicht gerecht. „Die Meinung wird gemacht" über eine Reihe von sehr erfolgreichen Gurus und Meinungsführern in Podcasts im in der Regel englischen Sprachraum, der nun einmal deutlich größer und liberaler ist als jeder andere.

Was müsste passieren, um die neue Aufklärung voranzubringen?

- Zentral ist das Aufbrechen des Kokons – des Mindsets – der Logik in seinen sämtlichen Verzweigungen und Verwurzelungen; eine freie bewusste Entscheidung.
- Zugleich sollte jegliche Angst vor einem Jobverlust durch KI öffentlich widerlegt werden durch die Erfahrungen der Wirtschaftsgeschichte, dass tiefgreifende Innovationen immer zu neuem Wachstum und – nach einer Anpassungszeit – auch zu mehr Arbeitsplätzen geführt haben.
- Wichtig hierfür ist eine weitere Öffnung des öffentlichen Diskurses zu den Themen Intelligenz, Medizin, Ernährung und Spiritualität.
- Eine liberale und freie Presse und offene Medienkanäle sind hierfür sicherlich zentral.
- Das Curriculum der Erziehung der Kinder sollte geöffnet werden jenseits einer ausschließlichen Dominanz der Logik in Richtung auf Intelligenz in voller Breite und mit einem Schwerpunkt auf die Kreativität – in Kindergarten, Vorschule, Schule, speziell Gymnasium und Universität. Musik und Kunst sind hier zentral. In frühen Jahren sollte man mit Meditations- und Yogaübungen beginnen.
- Letztlich sind es einzelne unabhängige Menschen, die sich mit den bestehenden Verhältnissen nicht zufriedengeben wollen, und darüber nachdenken, wie dies zu ändern sei. Und die dann mit Büchern, Aufsätzen oder Vorträgen oder neuerdings Podcasts an die Öffentlichkeit gehen, um andere zu inspirieren und Mut zu machen.

Einstein meint: „Der intuitive Geist ist ein heiliges Geschenk und der rationale Verstand ein treuer Diener. Wir haben eine Gesellschaft erschaffen, die den Diener ehrt und das Geschenk vergessen hat."

Der Mensch ist ein Wunderwerk an Begabungen – er sollte sie ausleben.

DANK

Meine Familie – Almuth, Carolin und Isabel – hat mich durch eine Atmosphäre der Offenheit und Distanz gegenüber dem derzeit etablierten und institutionellen geistigen Mainstream – bei gleichzeitiger intellektueller und spiritueller Anregung dieses zweite Buch zum Bewusstsein im weitesten Sinne schreiben lassen. Dafür bin ich ihnen überaus verbunden.

Mein ehemaliger Kollege Mark van Weegen hat sich mit großem Engagement und geradezu Leidenschaft in das Thema eingearbeitet und mir durch substanzielle Kritik an „Intelligenz jenseits der Logik" und auch an diesem Buch wertvolle Anregungen gegeben.

Caroline Helbing sorgte erneut für ein bewährtes, hochkompetentes, einfühlsames, engagiertes und zugleich anregendes Lektorat und steuerte zugleich die Erstellung der Grafiken und die Veröffentlichung im Eigenverlag.

Jeder, jedem Einzelnen bin ich überaus dankbar.

DER AUTOR

DR. RER. OEC. FRITZ KRÖGER, Jahrgang 1944, studierte Betriebswirtschaft und Wissenschaftstheorie.

1976 - 2009 Management Consultant.

In dieser Zeit Veröffentlichung von 9 Büchern in bis zu 9 Sprachen – unter anderem die Bestseller „After the Merger" und „Merger Endgames".

Er lebt in Berlin und auf Gut Drosedow in Mecklenburg.

Stichwortverzeichnis

Bildverzeichnis

Literaturverzeichnis

ANODEA, JUDITH:

- Eastern Body Western Mind, Psychology and the Chakra System as a Path to the Self, New York, 1993.

ANTIC, IVAN:

- The Physics of Consciousness – In the Quantum Field, Minerals, Plants, Animals and Human Souls, London, 2021.

ARMOUR, J.A.:

- Anatomy and Function of the Intrathoracic Neurons Regulating the Mammalian Heart, in: Zucker, I.H. and Gilmore, J.P.(Hrsg.): Reflex Control of the Circulation, Boca Raton, 1998.

BAYS, BRANDON:

- The Journey, Der Highway zur Seele, Berlin, 2004.

BROERS, DIETER:

- „R"evolution 2012: Warum die Menschheit vor einem Evolutionssprung steht, München, 2009.

BROERS, DIETER:

- Metamorphose der Menschheit, Teil 3 der Trilogie, Warum wir immer noch nicht erleuchtet sind und was wir daran ändern können, Wien, 2022.

CALAPRICE, ALICE (Hrsg.):

- Albert Einstein: Einstein sagt, München, 1997.

CAMERON, JULIA:

- The Artist's Way, London, 1994.

CAPRA, FRITJOF:

- Das Tao der Physik, Die Konvergenz von westlicher Wissenschaft und östlicher Philosophie, Frankfurt, 2008.

CHILDRE, D. L.; MARTIN, H.; BEECH, D.:

- The HeartMath Solution: The Institute of HeartMath´s Revolutionary Program of the Heart´s Intelligence, San Francisco, 1999.

CHOPRA, DEEPAK:

- Meta Human, Unleashing Your Infinite Potential, London, 2019.

CSIKSZENTMIHALYI, MIHALY:

- Flow: Stuttgart, 2004.

DAHLKE, RUEDIGER:

- Die Schicksalsgesetze, München, 2009.
- Störfelder und Kraftplätze, Amerang, 2019.

DAVIES, BRENDA:

- Chakras, Tore zur Seele, München, 2007.

DAWKINS, RICHARD:

- Science of the Soul, New York, 2007.

DISPENZA, JOE:

- Becoming supernatural, New York, 2019.

EINSTEIN, ALBERT:

- Briefe, Zürich, 1981.

GAWDAT, MO:

- Scary Smart, London, 2022.

GOLEMAN, DANIEL:

- Emotional Intelligence: Why it can matter more than IQ, New York, 2018.
- Emotional Intelligence, New York, 1995.

GOSWAMI, AMIT:

- Das bewusste Universum: Wie Bewusstsein die Materielle Welt erschafft, Stuttgart, 1997.

HAISCH, BERNARD:

- Die verborgene Intelligenz im Universum, Amerang, 2018.

HARARI, YUVAL NOAH:

- Nexus, München, 2024.

HEISENBERG, WERNER:

- Das Naturbild der heutigen Physik, Hamburg, 2018.

JASMUHEEN:

- In Resonanz, Das Geheimnis der richtigen Schwingung, Dorfen, 1998.

KAHNEMAN, DANIEL:

- Thinking Fast and Slow, London 2011.

KATTERBACH, ANGELIKA:

- Radionik, München, 2010.

KING, VEX:

- Good vibes, good life, Carlsbad, 2018.

KOCH, CHRISTOF:

- Consciousness: Confessions of a romantic Reductionist, Cambridge, 2012.

KRÖGER, FRITZ:

- Intelligenz jenseits der Logik – die anderen 80 Prozent, Berlin, 2021.

KUHN, THOMAS S.:

- Die Struktur wissenschaftlicher Revolutionen, Frankfurt, 1967.

KURZWEIL, RAY:

- The Age of spiritual Machines, New York, 1999.
- The Singularity is near, London, 2006.

LAMA, DALAI:
- Die Essenz der Meditation, München, 2012.
LASZLO, ERVIN:
- Der Akasha-Code, Petersberg, 2011.
LIPTON, BRUCE:
- Intelligente Zellen – Wie Erfahrungen unsere Gene steuern, Dorfen, 2018.
LIPTON, BRUCE; BHAERMAN, STEVE:
- Spontaneous Evolution, Carlsbad, 2009.
MAI, ANNA:
- Drittes Auge öffnen, Berlin, 2018.
MANN, FRIDO UND CHRISTINE (Hrsg.):
- Im Lichte der Quanten, Konsequenzen eines neuen Weltbildes, Darmstadt, 2021.
- Es werde Licht, Die Einheit von Geist und Materie in der Quantenphysik, Frankfurt, 2017.
MARX, SUSANNE:
- Herzintelligenz Kompakt, Kirchzarten, 2018.
MCKENNA, TERENCE; ABRAHAM, RALPH:
- Denken am Rande des Undenkbaren, München, 1995.
MEDICUS, KLAUS P.:
- Quantenintelligenz: Kraftvolle Überzeugungen auf Zellebene aktivieren, Burgrain, 2012.
PERKINS, JOHN:
- Touching the Jaguar, Oakland, 2020.
PERLMUTTER, DAVID; VILLODO, ALBERTO:
- Power up your Brain, The Neuroscience of Enlightenment, Carlsbad, 2011.
PREMANANDA:
- Facetten des Erwachens, London, 2009.
RADIN, DEAN:
- Real Magic, New York, 2018.
- Supernormal, Science, Yoga, and the evidence for extraordinary psychic abilities, New York, 2013.
RAMA, SWAMI:
- Living with the Himalayan Masters, Honesdale, 1999.
- Path of fire and light, Honesdale, 1986.
RUDD, RICHARD:
- The Gene Keys, London, 2015.
SADHGURU:
- Adiyogi, the Source of Yoga, Noida, 2017.
- Karma, München, 2021.
- Inner Engineering, A Yogi´s Guide to Joy, New York, 2016.

SAI BABA, SATHYA:
- Der Weg nach Innen. Sadhana, Dietzenbach, 2010.

SHELDRAKE, RUPERT:
- Das schöpferische Universum, München, 1983.
- Das Gedächtnis der Natur, München, 1991.
- Der Wissenschaftswahn, Warum der Materialismus ausgedient hat, München, 2012.

SILVA, JOSÉ:
- The Silva Mind Control Method of Mental Dynamics, New York, 1988.

SIVANANDA, SWAMI:
- Waves of Bliss, Uttarakhand, 2021.

SPALDING, BAIRD, T.:
- Life and Teachings of the Masters of the Far East, San Francisco, 2010.

ST. GERMANI, MAUREEN, J.:
- Waking up in 5D, Rochester, 2017.

STANWOOOD, TERRANOVA, KIM:
- The Technology of Intention, Camarillo, 2020.

STEMME, FRITZ:
- Die Entdeckung der emotionalen Intelligenz, München, 1997.

VILLOLDO, ALBERTO:
- Das geheime Wissen der Schamanen, 17. Aufl., München, 2001.
- Schamanische Schöpferkraft, München, 2019.

VON BUENGNER, PETER:
- Physik und Traumzeit, Erstaunliche Gemeinsamkeiten von moderner Physik und Naturheilverfahren, Altkirchen, 2004.
- Instrumentelle Biokommunikation mit Quantec, Altkirchen, 2007.

YOGANANDA, PARAMAHANSA:
- Autobiography of a Yogi, 13th edition, Los Angeles, 1998.
- Die stärkende Kraft der Meditation, Petersberg, 2018.

ZORN, FRITZ:
- Mars, ich bin jung und reich und gebildet, und ich bin unglücklich, neurotisch und allein…, München, 1977.

ZUKAV, GARY:
- The seat of the soul, New York, 1989.

Printed by Amazon Italia Logistica S.r.l.
Torrazza Piemonte (TO), Italy

74250375R00104